U0032032

每個人都做得到的
清單工作術

以科學方法管理工作順序，
明確化你的下一步行動，
快速搞定關鍵任務！

10 Steps to
Ultimate Productivity

麥克・斯利溫斯基 Michael Sliwinski ＿＿著

黃志豪 ＿＿譯

很多人無時無刻都在檢查電子郵件、重複閱讀、移動郵件到不同的資料夾、排序郵件、分配優先順序……然後訝異自己無法處理如此龐大的訊息量。你的最終目標應該是「點擊」每封電子郵件一次，而且只有一次。

反規劃的概念關鍵，在於你不要安排各個項目的工作，反而是在你計劃好想執行的活動之間，去處理你的項目，它可以讓你沉浸在沒有罪惡感的閒暇之中。你要做的就是在行事曆中只加入兩種事：必須發生的事情、你想做的事。

一直沒有辦法執行計劃好的任務？總是在逃避每週回顧？列表越來越長？很難記得自己的任務和截止日期？本章彙整了許多可能會持續出現的問題，並提出解決辦法，希望能幫上忙。

序

　　在本書中，你將學到如何透過建立自己的系統，來組織你擁有的時間所需的原則。經由十個簡短又容易的步驟，我把我多年來所積累協助我實現自身目標的知識，全部傳授給你。因為有這些規則，我過得既快樂又極具生產力。

故事並不是一直都這麼美好……

　　就本質而言，我是一個無可救藥的樂觀主義者，大致上也是一個雜亂無章的人——這也是為什麼我決定去研究自我管理的相關文獻。我知道我不能再繼續忽視人生中的那些截止期限，延後我的會議，在我負責的工作項目以及大量資訊中迷失方向；我需要認真讓自己更有組織！

　　我很快地發現，利用紙本計畫手冊的傳統方式已經變得過時，早就跟不上網路所創造的全新節奏飛快的環境。

　　我不能放任自己繼續這樣下去，我必須完成的待辦事項正一步一步地淹沒了我。這也是我決定開始研究自我管理技巧的時刻。

　　在我從史蒂芬・柯維（Stephen Covey）和大衛・艾倫（David Allen）的著作尋找靈感和實用技巧的過程中，我希望即使是像我一樣雜亂無章的人，也能好好整理自己的生活，過得更有效率。我從來沒想過，我會在這個努力的過程中，找到我生命中的熱情。

這一切的開頭其實很天真

　　閱讀了幾則關於生產力的文章之後，我已經有辦法歸納我最迫切需要處理的問題。我知道怎麼寫程式，所以我寫了一個簡單的非公開程式給自己使用，它讓我有辦法確定自己的目標，並「優先處理」它們。

　　我持續改進我創作的程式，在二〇〇七年二月，我決定把這個創作分享給全世界。因為我思考後覺得：「既然我的這個創作幫了我，或許其他人也能因此受益。」

這是Nozbe App誕生的過程。它受歡迎的程度超出我的預期，尤其在美國。這促使我離開了當時的工作（那時候我是一名自由顧問），並決定把工作重心轉移到時至今日我依然在持續改進的工具上。差別是，我不再是個人工作室，而是和一整個團隊合作。今天的Nozbe不僅適用於瀏覽器，還適用於所有的主流平台。

■小知識

常有人問我「Nozbe」這個名字是怎麼取的。其實，這是一個變化片語的文字遊戲——「自然而然變得有組織」（BE Naturally OrganiZed）。我們和一位朋友一起決定縮寫這個片語，經過很多像是「Be Oz」或是「Oz Be」之類的嘗試，最後我們決定使用「Nozbe」。

高產能生活方式的普及

多虧了Nozbe的發展，我能夠認識許多非常優秀，並與我一起持續學習時間管理的新方式的好朋友。我與朋友麥捷克·巴

祖奇（Maciek Budzich）（波蘭部落格Mediafun的作者）想到了創辦一個關於提高生產力的雜誌的想法。我邀請了一些我認識的權威，以及很多在時間管理、商業和科技領域的專家一起進行準備工作。於是，《高產能！雜誌》（Productive! Magazine）誕生了。在團隊的幫忙下，《高產能！雜誌》以多種語言出版已超過八年。

我還在持續學習，同時測試提高生產力的新方法。也因為看到了這麼多有效的方法，又希望能啟發並協助你們更進一步整理自己的目標和時間，所以我決定寫下這本書。

是時候變得更有系統了！

這本書的目標是幫助你建立**你自己可靠的生產力系統**。我自己的生產力規則深植於Nozbe裡，所以也會當作案例，時常在書中提及。

你不必使用Nozbe，也能透過善用本書中的建議和方法而受惠。如果有其他工具能讓你用起來覺得更方便，那我認為你應該盡其所能地去運用。當然，如果你決定使用Nozbe，我會非常高興。

　　最重要的是，你能夠從我提供的方法中受益，並將其融入你自己便捷的系統中。我也會在本書中提到其他可取得的有用工具。

■本書讀者獨享Nozbe優惠方案

　　本書讀者連結至網頁10steps.tw/nozbe，選擇按年付款，可享有優惠方案，獲得額外1個月的Nozbe使用期。

　　Nozbe為跨平台的軟體，可掃描以下QR CODE至官方網站下載，或前往以下網頁：nozbe.com/zh-tw

Nozbe官方網站
新用戶享有30天免費試用期

這本書是如何構思的？

　　我在錄完影片課程《終極生產力的十個步驟》（10 Steps to Ultimate Productivity）之後，萌生了撰寫這本書的想法。我開始和Nozbe團隊一起對錄影課程的劇本進行微調編修，還一起創造

了由一群真正生產力狂熱份子組成的編輯團隊。我們很快地發現，公開影像課程的書面劇本是絕對不夠的；我們的野心遠大於此。

為了更適切地把所有問題解釋清楚，我們決定針對現有劇本進行更大幅度的編輯，並擴展討論更多主題。我在影像課程中礙於時間只能稍微提及的主題，可以在書中詳述。透過頁面篇幅，我們可以將所有合適的例子都涵蓋進來。

書中所述的內容，並非全部來自我個人的經驗，出版團隊的成員也提供一些例子。你可以在本書最後找到所有參與者的名單。我希望我們辛苦工作共同產出的成果能變成一個實用指南，讓你輕鬆掌握所有提高效率的重要技巧。

先了解關於生產力的三個常見的迷思！

　　儘管「生產力」已經成為專欄、部落格和應用軟體的熱門話題，許多人仍對此抱持懷疑的態度。其主要的根源，很可能來自於下列的三個迷思。

迷思一

追求高生產力的人，
都是無趣的傢伙

迷思二

追求高生產力的人，都是飽讀詩書、
滿腹經綸的高知識份子

迷思三

追求高生產力的人，
都是那些天生很有組織架構的人

迷思一：追求高生產力的人，都是無趣的傢伙

你以為有系統、條理清楚的人，都是完全依照規矩來、不能自由行事嗎？恰恰相反！

你會在本書的第一部分中發現，有系統的人不會在同一時間內想到十件不同的事。他們會在自己的生產力系統中，先把所有內容都寫下來，因此能更專注於當下。他們不必時時刻刻想著該做的事，可以更有創意、自由地去做心中想做的事情，同時享受生活。

■實例

我和我老婆排出一個禮拜的時間到義大利度假，在地中海沿岸享受美味的早餐，散步和觀光。然而，為了成行，我們需要在啟程前安排好生活中的其他所有事，包含各自的工作、找人幫忙照顧孩子（非常感謝我的父母！）、買機票、訂飯店、租車等等。為了能夠充分享受當下，擁抱義大利的美，而非去到國外還得操心這個那個，我們必須在啟程之前，就把所有事情做有系統的妥善安排。

迷思二：追求高生產力的人，都是飽讀詩書、滿腹經綸的高知識份子

我聽過很多人抱怨說：「整個追求高生產力的概念，根本像火箭科學一樣難！」

他們覺得必須是聰明又熟練的人，才能把所有事情有條有理好好地排序並維持住，而且不會因此瘋掉。

錯了，你並不需要這樣！在後續的章節裡，你會發現我所寫的內容，只需要擁有基本的常識就能運用。這些技巧十分容易付諸實行，完全不需要任何特殊科技裝置或是博士學位，只需要一套日常慣例和一個可靠的系統。

這本書將能夠幫你擺脫壞習慣，建立更新、更有生產力的好習慣。

■**實例**

我的一名員工在安排定期的部落格發文時遇到了問題。在「完成發文排程」這個過程，她迷失在許許多多繁瑣的小步驟之間。這件事帶給她壓力，同時也讓其他行銷團隊成員不太舒服。

　　最終，她採取了行動：坐在位子上三十分鐘，列出所有下個月即將發表的部落格文章清單。接著，她對照日曆，為每一篇文章分配一個日期。然後，她構思各篇文章所需的照片和圖片，同時將需求列為任務，交給平面影像團隊。最後，她在Nozbe上創建一個新的項目，把所有安排移到Nozbe裡。計劃好整個月的時程之後，為了讓未來每個月的部落格計畫都有一個標準基礎，她建立了項目模板。

　　過去大家都認為她不是特別有組織架構的人，其實她只是沒有組織好工作之中的這個面向。在我們激勵她、她也發現一些「空間」可以全力以赴之後，一切都進展得非常順利。

迷思三：追求高生產力的人，都是那些天生很有組織架構的人

　　我常聽到的另一個藉口是：「只有那些天生就很有組織架構的人，才能有高生產力。」

　　如前言中所說，我本身就是一個雜亂無章的人，多虧了那

些我接著要跟你分享的簡單技巧，才讓我變得更有系統、更有組織。如果那些技巧對我可以產生效果，任何人用起來肯定不成問題。

另一方面，我老婆天生就是一個很有組織架構的人。從我有印象以來，一直都很羨慕她，這一切對她來說感覺是如此自然、渾然天成。然而，儘管先天上有這麼巨大的差異，我也已經迎頭趕上她了！

事實上，最近她自己也覺得，即便是她這種天生就很有系統規劃的人，如果沒有一個良好的生產力系統，也很難不迷失在每天龐大的訊息量裡。現在這個資訊爆炸的時代，實在有太多訊息需要我們整理吸收。

這就是為什麼本書所包含的技巧，對於那些快被每天自己的責任義務壓垮、生活雜亂無章的初學者，以及單純需要人提點該怎麼處理事務的人們，都可以派上用場。

■實例

多年來，我一直努力想設定一個合適的早晨例行公事流程。我知道很多人都是這樣付諸實行──起床之後，遵循一套能幫助他們開啟美好一天的固定流程。

以前我無法持續這樣做。我的早晨一向很混亂，因為我在家工作，不需通勤上班，所以早上過得混亂不堪。兩年前，我決定改變這一切。儘管聽起來有點愚蠢，我為每天早上需要完成的事建立了一個清單，每天早上醒來，我只需要遵循這個循環清單完成所有事──去洗手間、寫日記、禱告、準備茶、穿好衣服。

幾個月之後，我就習慣這套流程，現在我不用清單就能自動依序完成這些事，我已經掌握到訣竅了！我現在可以用我想要的方式來開啟我的一天，每天都有一個固定的流程能讓我振奮起來！

獲取終極生產力的十個步驟，就是這麼一回事！

本書分成十個簡單的章節。我用簡潔而實際的方式處理每個問題，並確保章節中都有涵蓋實際的例子。

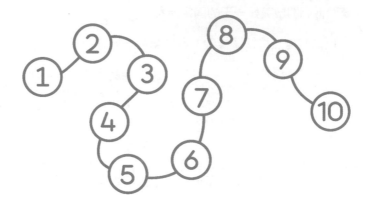

第一章將重點放在**清空你的思緒和腦袋**，並將你想到的所有內容轉移到一個可靠的系統中。在這個部分，我會解釋為什麼不值得把所有想法都留在腦海裡。接著，你將學會具實用性的範例，像是專屬於新進事項的箱子——收件箱。我會示範如何善用它們，讓你再也不會忘記任何事情，同時仍然能專注於緊迫問題上。

　　第二章是關於如何**將承諾轉化成項目**。在本章節中，我會解釋如何將大問題分解成較小、較容易實現的小步驟，這會讓你更有自信去完成你所設定的任何目標。學會這一課之後，你會變成一個管理項目的大師。

　　第三章關係到如何**將你的行動排好輕重緩急的優先順序**，並推動這些項目；適切的先後次序，能確保項目成功並運作順利。你會發現，讓你要推動的整個項目往前進並更靠近目標的第一步，有時候就是要跨出那一小步（我不是故意要一語雙關的）！

　　第四章討論到**生產力高低跟時間或地點一點關係都沒有**。現代人完成工作不只需要使用電腦，還需要智慧型手機或平板。現代科技讓我們在旅途之間也能工作，並在過程中節省大量的時間！

　　第五章包含了**與其他人一起合作時**，你所要了解的一切。我們生活在一個互相聯結的世界中，朋友和同事可以幫助你實現你的目的，達成你的目標。我希望教會你如何使用「任務」，以更有效地分享項目，與其他人溝通交流。

第六章重點討論如何**善用類別**（也稱為脈絡contexts）。類別代表著「項目」之後第二層分組任務的方式，讓你有辦法以實際的方式來分類任務，例如執行任務的地點，或是根據完成任務所需的工具。

第七章討論如何**管理文件和檔案**。在這裡，我會提供如何保存筆記和其他資料的技巧，並確保你所需要實現目標的一切資訊都在你掌握之中。我會分享一些可以派上用場的軟體與小撇步。

第八章用來討論**回顧你的生產力系統**。每週一次，你應該靜下來，花點時間檢查自己的目標、項目、清單和目的。我會教你如何高生產力地運用你的每一週！

第九章著重討論**管理電子郵件的藝術**。我會分享如何有系統地清空你的收件箱，並處理寄信給你的寄件人的期望。換句話說，我會示範如何不被每天大量的來信掩沒。

第十章會幫你把我在這之前所教過的全部事情**融入你的生活之中**。我還會附加幾個對我個人也有幫助的小提醒與技巧，並分享我在生產力領域中最喜歡的知識和靈感來源。

両分鐘規則

如果有任何你認為應該做，
而且你知道
可以在兩分鐘以內完成的事，
就馬上去做！

額外技巧：兩分鐘規則！

讓我用一個你馬上可以施行的實用技巧來結束這個序章。即使你沒有完整讀完整本書，這個訣竅也能讓你立刻體驗到它的魔力：運用簡單的習慣，就能幫助你管理時間。

容我為你介紹兩分鐘規則——如果有任何你認為該做，而且在兩分鐘之內可以完成的事，就馬上去做！

看起來很簡單，不是嗎？這裡有些例子：

- 一位同事傳訊問你一個簡短的問題。別拖延，快速且直指重點地馬上回答他。
- 你突然想起一個會議？把它標記進你的行事曆裡，現在就做。
- 有一個創業的想法？趕緊在隨手可得的餐巾紙上寫下來，不要讓靈感溜走！

- 你的辦公桌上散置著紙張和文件嗎？你知道那些文件該放到哪些地方吧？現在就把文件歸檔至正確的抽屜裡。
- 姊妹的生日快到了？快速地寫下祝福，立刻寄給他們！不要等到半夜才做。

試著把這個技巧融入你的生活，你會對自己在兩分鐘內完成多少事感到驚訝。多虧有這個簡單的法則，你養成了完成任務的習慣，而非把它們推到一旁。一旦你能快速又有效率地處理瑣碎事情，你就可以著手進行更艱難、更耗時的目標。

但是關於兩分鐘規則，有一點你必須時刻謹記：我不確定你該不該把這件事告訴你的伴侶。

為什麼呢？自從我告訴老婆這個技巧之後，她很快地想出如何利用這個小技巧來對付我：

- 早上起床之後，老婆要我把床鋪好。我試著找各種理由擺脫這件事，但她當然會說：「親愛的，這只會花你兩分鐘！」

● 晚上吃完晚餐之後，老婆要我把垃圾拿去倒。我說我等一下
再去倒，她回答：「你不是告訴我，如果某件事用不著兩分
鐘就能完成，你就不應該拖拖拉拉地不馬上完成？」

是的，這個規則確實有用，無論在你的私生活或職業生涯
裡。透過Twitter告訴我你的兩分鐘任務的例子吧！我會很樂意
地分享給其他人。我的Twitter帳號是@MSliwinski。

■ **額外的資料**

　　想在開始閱讀本書之前就做好準備嗎？我為這
本書整理了一系列的實用文章、範本和影片。你可
以在下列網站免費下載這些資料：10steps.tw/bonus

淨空你的思緒

淨空你的思緒很重要。

使用可靠系統解放你的思緒。

　　你在同一時間內，同時思考並嘗試記住太多不同的事情。我肯定你過去曾經說過：「我有太多事要完成了！」

　　這並非一件好事，會令人不安、讓人焦慮。

　　「我把有關那次會議的細節寫在哪裡了？我現在應該打給誰？我不是應該去幼稚園接我女兒嗎？我不是對約翰保證會對他的簡報提出回饋意見嗎？我應該為明天的會議準備什麼？那個會議什麼時候開始？」

　　如果能淨空你的思緒，將那些壓倒人的瑣碎細節，放入你自己的生產力系統裡面，會很有幫助。本書會一步一步指導你建立屬於你自己的系統。

有人是把思緒和點子寫進筆記簿，有人則是使用行事曆，還有人是運用精巧的行動裝置APP。總之，找出最符合你喜好的方式吧。

我老婆經常開玩笑說，我就像是一台使用原廠設定的老電腦，只認得十六種顏色，卻還假裝自己可以同時多工處理多項事務。事實上，我只知道一次怎麼完成一件事。

正如大衛・艾倫在他那本生產力和時間管理領域暢銷書《搞定》（Getting Things Done）中解釋，當你思緒充滿擔憂時，不可能完成任何特定任務；當你的想法散落一地、毫無章法時，實在很難變得有效率。

練習一：這樣做，淨空你的思緒

找一張A4尺寸的紙，然後依照你想到的順序，開始寫下你腦中現在想到的所有事——無論是多微不足道的小事，或是遠大宏偉的戰略目標都可以。

把所有內容一個接著一個寫下來，寫完一行，就換下一行。給你自己十五到三十分鐘。

我不是在開玩笑。你現在就開始寫，我可以等你……

自我練習 淨空思緒

寫下你腦中現在想到的所有事——無論是多微不足道的小事，
或是遠大宏偉的戰略目標，都可以寫下來。

完成了嗎？一張紙就夠了嗎？我敢打賭，你得用你寫得出來的最小字體，才能夠把全部的想法用一張紙寫完。

多虧這個練習，你現在知道你思緒裡有太多、太多東西了。而最好的解決辦法，就是把它們從你的腦袋裡移到別的地方。

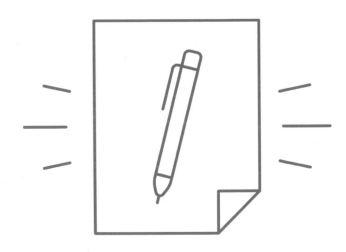

我們的高生產力技巧歷險就要開始嘍！你需要一個可靠、值得信賴的系統，讓你能輕鬆儲存所有你無法馬上處理的想法。這樣一來，你就不必擔心會忘記任何事情，你的思緒也能更專心地面對目前正在解決的事情。

一個讓你儲存思緒的地方

讓你在腦袋之外儲存想法的地方，可以稱為收件箱。它是可以存放你所有想法、檔案、文件、電子郵件、筆記和訊息的「容器」。所有造成你思緒負擔的東西，都應該放到這裡。

問題是，我們通常擁有不止一個收件箱；其實是多很多！在我描述所有我的收件箱之前，看看你的周遭吧：郵箱、電子郵件收件夾、智慧手機的照片檔案夾、Facebook Messenger和WhatsApp訊息、簡訊、紙本行事曆和手機行事曆裡的筆記，放在辦公桌抽屜、冰箱上的那張紙，甚至還有你用口紅潦草地寫在鏡子上的提醒！你能在這麼多不同的地方儲存訊息，真是太神奇了！

你該如何處理這些事呢？解決方法有：

● 減少收件箱的數量

● 記得你實際有在用的收件箱數量

● 定期清理你的所有收件箱

　　某些收件箱是實體的，其他收件箱則是無形的（就是你儲存數位檔案的地方）。以下是我的一些收件箱列表（我猜你的可能比我的更多！），來看看我怎麼管理我的收件箱吧。

我用的收件箱：

 電子郵件收件箱

 實體收件箱

 Nozbe收件箱概觀

 語音備忘錄

 電腦裡的下載資料夾

我怎麼使用這五個收件箱

1. 電子郵件收件箱

所有我的電子郵件都會寄到這裡。我每天都逐一閱讀，並盡力讓它保持淨空。我會透過以下的步驟處理每封電子郵件：

● 我是否有辦法立刻回覆？（遵循前面提到的兩分鐘規則。）

● 我要現在回覆，或是選擇稍後回覆？也就是把它移到「稍後處理」文件匣，但我試著不要常常這麼做。

● 是否需要額外的動作？這種情況下，我通常會在Nozbe項目中添加一項任務。

● 是否需要儲存起來？例如，我需要把帳單移到對應的地方或是馬上印出來。

定義好如何處理每一則訊息，是至關重要的大事！

> 附註
>
> 　　本書會在後續章節詳細討論如何處理電子郵件。我建議大家之後再進一步深入了解這個主題。

2. 實體收件箱

　　我把所有我的文件、信件、帳單甚至是賀卡，都集中放在我桌子的抽屜裡。每週我都會徹底翻閱，然後清空抽屜。處理的方式跟我處理電子郵件的方式很像：打開抽屜之後，逐一檢查所有紙本文件，接著分別決定要去棄、保留或掃描保存。

　　淨空實體收件箱其實是一件令人興奮的事。因為我的抽屜有點大，我知道裡面都是我該去處理或檢查的事項。正因為如此，有時候包裹、書籍甚至是其他令人驚喜的東西，都會擺在裡面。

我桌上的鍵盤旁邊，總會放個記事本跟一枝筆。思緒裡一旦出現重要的事情，我就會立刻寫下來。這個技巧在與人交談之際，有靈感突然憑空而出時，顯得特別有用。

有時一整天下來，我會有一張寫滿筆記的紙。接著，我會把紙放到那個被我稱為「實體收件箱」的抽屜裡，稍後再看。多虧了這個習慣，我再也不會忘記任何事情。

3. Nozbe收件箱概觀

Nozbe是我管理項目和任務的軟體，我把所有我想到的任務儲存在這裡。每天結束前，我都會花時間釐清這一團亂，並同時決定當下需要做些什麼安排。

「或許這個任務可以歸類到一個既有的項目？」我可能會想盡快完成一些任務，但有些或許可以延到之後再完成。在檢查收件箱的過程中，某些任務可能看來並不如當初歸類時想的那麼合適，最後那些任務都會被我刪除。

Nozbe收件箱最大的優點之一是：與我同行。我可以透過任何裝置——無論是智慧型手機、平板或電腦——在Nozbe上添加任務。只要利用鍵盤的快捷鍵或是滑鼠點幾下，就能添加任務。我還可以透過寄信到我個人的Nozbe私人電子郵件位址來自動添加任務。

4. 語音備忘錄

當我沒有時間立即把事情寫下來時，我會拿出智慧型手機，打開錄音程式，把我的想法或事情錄成語音備忘錄。我用口述的方式紀錄那些事項，並確認自己每週要檢查一次這種類型的紀錄。

我也可以透過Siri直接向Nozbe添加任務。Siri可以辨識任務的時間和截止日期，還有項目和基本的循環設定模式。不只是Siri，Android上的Google智慧助理功能也有相同的功能。

5. 電腦裡的下載資料夾

在這個預設資料夾裡面，我會儲存所有下載的資料、軟體和文件。一樣每週淨空一次，在清空的過程中決定每個文件該怎麼處置。

我建議把所有下載的物件都存到這裡，而非隨便儲存在桌面。充滿文件的桌面會令你分心，同時讓人感覺電腦裡也很混亂──即便凌亂的桌面，有時可以成為讓你更快清理的動機！

> **附註**
>
> 如果你在下載檔案時都一直運用兩分鐘規則，這種形式的收件箱很容易就會派不上用場了──因為你只需確定把檔案都存在它們該放的資料夾裡面。

所以，如你所見，我有好幾個收件箱：我的電子郵件、實體收件箱、Nozbe的虛擬收件箱、一個用來存語音備忘錄的，還有一個用來儲存下載文件的資料夾。

■真實例子

我老婆有一次在床頭櫃上放了一個文件。雖然我有意識到那邊有個東西，但沒注意是什麼，就只是把它推到一旁，至少確保晚上睡覺不會被干擾。我完全沒看那是什麼文件。

大概過了一週之後，老婆問我：「親愛的，你簽了那份文件了沒？」我問她：「什麼文件？」她說：「我一個禮拜前放在床頭櫃的那個文件啊！」我回答：「親愛的，妳很清楚我的習慣，除非妳把它放在我歸檔的抽屜，不然我根本不會注意到！」

「習慣」的魔力就是這樣運作的──有些區域我會定期徹底檢查淨空，其他區域我根本完全不會留意。

我們編輯團隊的士愷，也分享了自己的經驗：

■**真實例子**

我有兩個email信箱、一個筆記本，還有一個放實體信件的抽屜，這些都是我的收件箱。

我每天都會收email幾次，將重要的email做標記，不重要的丟到垃圾信箱內。一有靈感，我會把這些想法記錄在筆記本之內，然後每週確認一次，看看這些想法的可行度。抽屜的話，大概是每個月確認一次，把不重要的信丟掉，也確認一下自己有沒有漏繳帳單。

其實就像本書說的，把所有大大小小的事情都寫下來，然後挑出最重要的幾個，將它們的優先順序排好，之後再依序把事情完成。如此一來，我做事就能更有效率，思緒也更清晰，比較不會分心。

對所有收件箱進行系統性評估，是高效率運作的支柱之一。無論是花費兩秒鐘或更多時間來評估，一步一步完成，一件事、一件事地決定怎麼處理這些事，對你而言都至關緊要。

　　我每天（有時是每兩天）會清除特定某些收件箱，但我至少每週都會徹底檢查所有收件箱一次。我自己有意識到，如果我沒有在當週清理收件箱，這件事會一直讓我擔心，而且會一直持續到我清理完為止。

自我練習 你有哪些收件箱，以及要用
什麼方式管理它們？

第一章的施行計畫：清理思緒

做做這章一開始做過的練習動作，把所有你腦中的想法列在一張紙上。

建立或是區別你的實體收件箱。將上面第一步寫完的紙放進這個收件箱裡。

確認你的其他收件箱，刪除那些可以跟其他既有的收件箱合併的。例如，你只需要一個放文件的文件夾、一個放筆記、一個放任務等等，越少越好。

建立定期檢查清理收件箱的習慣。根據你的狀況和需求，某些收件箱應該每天檢查確認，其他的頻率可以調整成更頻繁或更少檢查。

祝你好運！

■額外的資料

如果你對關於如何清除煩人的資訊有興趣,可
以在此下載一系列有關收件箱的優點的實用文章、
範本和影片:10steps.tw/bonus

從任務到項目

組織項目中的任務，

讓你更接近你的目標。

《搞定》的作者大衛·艾倫，

認為項目就是「需要不止一個步驟才

能完成的事情」。

每個複雜操作都是一個項目，

您的目標也就成了項目。

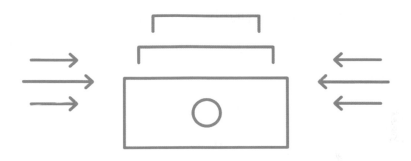

在你把思緒裡的所有事項放進收件箱之後，你會發現不同的事情需要各別處理。以下是可能出現在收件箱的幾個例子：

- 叫做「垃圾」（或是該重新命名為「倒垃圾」）的短任務，而且可能是會不斷出現的任務。
- 叫做「兄弟的生日」，這可能是個祝你兄弟生日快樂的簡單任務；不過如果你是負責計劃生日派對的人，這可能就是一個大的項目。
- 叫做「冰箱噪音」，最初可能是打電話給維修人員檢查噪音源，但可能會轉變成全新的項目：「購買新冰箱」。

由此可見，收件箱裡的事情可能是簡單的動作就能解決，也有可能是較大的任務，甚至某些可能會演變成包含其他任務的大項目。

在本章中，你將學會所有有關項目的知識，到最後無論如何，你會真正成為一個管理項目的高手。

這是任務或項目？

按照《搞定》的作者大衛・艾倫的說法，所謂「項目」是：

你所期望的某個成果，可能需要不止一個動作才能完成。

例如，「削鉛筆」是一個任務，因為它只需要一個單獨的動作。然而，「整理讓孩子返校所需的用品」，就應該是一個項目了，因為這件事涉及了可能需要花一段時間才能完成的諸多步驟。

以下是一些可以幫你了解任務與項目之間差異的例子：

- **兄弟的生日**──有很多任務會和規劃兄弟的生日派對有關。你需要邀請賓客、訂蛋糕、訂食物、裝飾房間等等，取決於你想要怎麼慶祝。
- **會議簡報**──做簡報需要一些準備工作。這可能包含編寫大綱，搜尋或是製作圖片加強你的觀點，並在幻燈片上安排圖像和文字。
- **部落格的新文章** ──在部落格發布新文章，包含規劃文章、撰寫文章、搜尋搭配的圖片、發布文章，以及在社群媒體上推廣文章等。
- **學習新語言**──這樣的項目比較複雜，可能要花上較長的時間。每一堂課都是獨立的任務，項目也許持續數個月或數年，甚至沒有實際的結束日期。這一切都取決於你想花多少時間學習，還有你想達到怎樣的語言水平。

怎麼買新冰箱？

把一件應該是項目的事情看成任務，其實是個常見的錯誤。這些事情會在你眼前突然爆炸性的成長，讓你感覺多到無法完成，才會認為很難完成！

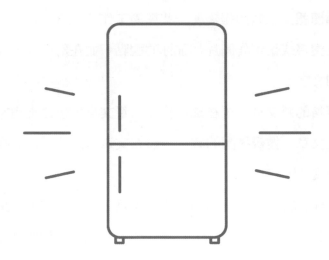

這就是為什麼當我在檢查任務的過程中，如果發現可能需要超過一個步驟的任務，通常我都會把它轉換成項目，然後進一步拆解成更簡單的步驟或任務。

為了進一步說明這一點，以下是我們的書籍發行團隊成員
克里斯托夫分享的例子。

■**實例**

我曾經碰到一個看似簡單的任務——買一台新冰箱。然
而，我差點被這件事擊潰。每家實體商店就有數十種商品，要
是上網搜尋，你還會看到數百種不同的選擇！

後來我完成這個任務的方式，是將這件事轉變成項目，然
後拆解成好幾個簡單的步驟：

● 品牌選擇

● 冰箱的地點選擇

● 冰箱尺寸選擇（主要是確定高度）

● 顏色選擇

● 在我偏好的價格範圍內的四～五個型號供參考選擇

● 關鍵特性和功能決定（架子數量，放瓶罐的大架子，低功耗
　等）

- 最後要買的型號選擇
- 包含商品配送和搬走舊冰箱的價格最低的商店選擇
- 下單⋯⋯

幾天之後，我成為擁有新冰箱的快樂主人。

這個例子證明了，即使看起來微不足道的事情，都可能變得困難重重，除非我們意識到它們其實是個項目，並運用正確的方式解決。

命名項目和任務的藝術

就像我在本章開頭簡單提到的，對項目和任務的命名方式，可能會影響事情的完成速度。有些字可以讓我們採取行動，或更能激勵我們，其他的字可能就沒有那麼好的效果。

通常，簡單地將一個名詞變成動詞，就會有不同的效果，讓你起身開始執行任務或是項目。

項目名稱應該反映目標

在多數情況下，我會用名詞和短句來描述項目的目標。回顧上述的例子：「兄弟的生日」、「會議簡報」和「買新冰箱」，這些都是項目的好名稱。它們既簡單又簡潔，也是你所需要的命名方式。光是看著它們，你都不禁感覺想要立刻接受任務清單並開始完成工作了。於是乎，下一個命名原則也就順理成章了……

任務標題應該要描述我們正在採取的行動

最好透過使用描述行動的動詞，來清楚表達我們實際上該做的事。為了闡述這個理論，我會用剛剛買冰箱的例子來說明，只是我會修改克里斯托夫的敘述，讓它們變得更有活力。

例如在選擇冰箱位置的任務中，與其用名詞形態的「選擇」（choice of），我會用讓人更有動力的動詞形態「選擇」（choose），並把「決定」從名詞（deciding）改成動詞（decide）。

如果用這個原則來處理「兄弟的生日」項目，以下是我命

名任務的方式：

● 準備邀請嘉賓列表。

● 打電話給每個嘉賓列表上的人。

● 訂購一個蛋糕。

● 搜集當地五個餐廳的菜單。

● 在老婆和我兄弟的老婆的幫助下，裝飾房間。

用這種方式描述任務，會讓一切變得更有活力，具體而且精確，使你真的想去完成它們！

我曾經看過有人給一個任務命名「媽媽」，又短又模糊。我問他這是什麼意思；他自己也一頭霧水，說他其實也不確定。或許是他有事想打電話給他媽媽，或只想問候一下媽媽，也可能是想提醒她什麼事情？

我建議他下次應該在標題中加入一個動詞，描述整個任務，使它變得更具體一點。「媽媽的五十八歲生日到了，打電話給她」，這個命名完全不存在模糊地帶，不會讓你不確定或不曉得為什麼要添加這個任務。

你應該擁有多少個項目？

　　根據經驗，我知道擁有越多項目比項目少來得更好。撇開普遍見解，實際上項目越多可以讓你的系統變得越透明。將項目明確劃分，可以讓你一眼就清楚知道有多少待辦事項，以及後續目標是什麼。

　　忙碌的人通常會有三十到五十個項目，某些人的清單上甚至會有一百個項目。項目的總量可能很快會失去控制，這也是為什麼你需要有系統地檢查你的項目清單——你可以在第八章獲得進一步說明。

A

B

C

D

E

F

G

H

I

生產力專家推薦

依照字母順序
排序你的項目，
我通常也遵循這個規則。

這讓我
可以輕鬆找到
想要找的項目，
並檢查
在該項目中的任務。

　　生產力專家推薦依照字母順序排序你的項目，我通常也遵循這個規則。這讓我可以輕鬆找到想找的項目，並檢查在該項目中的任務。

　　既然我知道「兄弟的生日」（Brother's Birthday）會排序在「B」之中，所以我不需要查看整個列表──我知道項目會接近列表的頂端。然而，這都取決於個人的偏好，你或許會偏好手動排序，並把最迫切需要完成的部分排到列表頂端。

用數位工具Nozbe來實際管理項目

由於我們已經講完本章的理論部分，接下來我想讓你看看如何將理論直接運用在Nozbe上，這是一款我也在使用的數位工具，可以管理任務與項目。其他類似程式使用方式的其實非常相似，我接著要說明的作法，對運用其他系統的使用者而言，應該也相當容易套用。

為什麼我堅持要用數位工具管理任務和項目呢？主要是因為，它們很容易取得使用。當你使用紙張或是行事曆管理項目的時候，你通常會大量進行重寫、劃掉和塗鴉。使用數位工具可以更有效率地完成任何上述的動作。

我們生活在二十一世紀，即便我愛好手寫在紙張上的感覺（詳見第一章），我仍然相信現代人類需要使用當代可取得的工具。我會告訴你一個很好取代傳統記事本的替代方案，但請記住，你必須自己去測試是否好用。你應該自己決定哪種工具對你而言更適合、更有效率。

現代科技的發展，以及像Nozbe這樣的軟體，讓我們能輕易地建立項目、改變項目的名稱，並方便地在項目之間移動任

務、筆記和文件，這一切都只需在智慧型手機或是平板上點幾個按鈕就能做到。這樣的靈活性非常重要，因為在執行任務時，許多項目會改來改去或最後合併在一起，任務也會被移來移去或刪除。有了數位工具，這些事情都能更輕鬆地完成。

Nozbe中的項目格式

在Nozbe中進到項目標籤之後，你會看到現行的項目清單，你可以在這裡新增項目，以及根據前面章節的提示更改項目名稱。

選擇特定項目後，你就能看到該項目中包含哪些任務。如果是一個新項目，任務清單會是空白的──等著你填入新的任務。

Nozbe的項目清單是扁平的，意思是：你無法添加子項目或子──子項目。這是個簡單的層次架構，項目之下，就是任務。至於為什麼我們選擇使用這樣的結構呢？我會盡快解釋。

將任務移動到他們的項目中

查看收件箱概觀時，你可以輕鬆地拖曳任何任務，並將其移動到該任務所屬的項目中。你也能簡單的點擊任務，在細節內容中將收件箱參數改變成你的清單中的其中一個項目。

如果任務無法被分派到任何一個已經存在的項目，而且這個任務不符合兩分鐘規則，無法立刻處理，那你可以建立一個「雜項」項目，然後把任務放進那個項目裡。很多人都有類似的項目，以備不時之需。

如我先前提到，命名任務時最好使用動詞來簡單地命名。儘管如此，有些任務需要更長一點的描述或是進階的訊息，讓你未來能更快處理。在Nozbe中，這種狀況下可以使用「評論」（Comment）功能，進入任務的細節，增加一個文字評論、圖片或是簡短清單。

如果任務是打電話給某人，只需要輸入電話號碼和其他有用資訊到評論裡就好。如果你需要去某家店買東西或提貨，把店家的營業時間和地址填入評論中。

編輯團隊的士愷是一位作家，他分享了自己工作的例子。

■實例

　　我主要有兩個項目，分別是出版愛情故事的散文書，以及出版語言學習的書籍。比較完整的目標是項目，達成這個項目必須採取的種種步驟就是任務。

　　以出版語言學習書為例，這原本是一個大任務，比較難想像該如何進行。後來我將這件事轉變成項目，拆解成好幾個簡單的步驟：

1. 寫企劃書
2. 向出版社提案
3. 撰寫目錄
4. 試寫內容
5. 與出版社簽約
6. 撰寫全書

何時該使用清單，而不使用項目？

本章的開頭，我引用了大衛·艾倫的觀點，他認為任何包含多重步驟的一個動作就是一個項目。雖然在多數情況下的確是如此，但也有些例外。

我從過去的經驗中學到，有時候為了最佳地列出所有活動，我需要一個介於項目和任務之間的東西——一個內含「小步驟清單」（checklist）的任務。在Nozbe中你可以輕易做到，只需要以清單的形式在任務中新增評論，並逐步概述所需完成的步驟。這在下列情況下特別有用：

● 會耗掉一點時間，但最長不會超過幾個小時的任務。

● 我知道我可以一天或一次完成的任務。

● 一個只由幾個步驟組成，但我不想忘記的任務。

回到本章節開頭提到的例子，「部落格的新文章」如果是一篇很複雜的文章，就可以是一個項目。它也可以是一個有好幾個步驟的任務：規劃文章、寫文章、找到合適的圖片、發佈

並在社群媒體上宣傳文章。一切的標準都取決於我們想要達成的複雜程度，以及完成這個任務所需的時間。

我之所以會用項目的形式來處理「購買冰箱」這件事，是因為它包含了許多沒有互相連結的步驟，而且會分散在幾天之內完成。

其他適合使用清單的例子包括：

- 完成一道菜所需要的原料清單。（項目為整個食譜；任務為「準備所需的材料」。）
- 打包周末旅行所需的行李清單。（項目，舉例可能為「南北戰爭紀念日野餐」；任務為「打包背包」。）
- 購買蔬菜水果清單。（項目為「購物」；任務為「在雜貨店裡購物」。）

運用這種方法，你將有個明確的項目列表，各項目中會有一些任務，而那些任務中會附有需要數個小步驟的清單。

我是否需要完成所有項目？

相較於艾倫所描述的項目，我對項目所下的定義會更有彈性一點。在我的列表中，你會發現兩種類型的項目：

● **目標導向的項目**——它們會有一個具體的目標，當目標達成，這個項目就完成了。此類項目的例子就是「購買冰箱」，當你買完冰箱，這個項目就可以關閉了。

● **不間斷進行的項目**——另一方面，這種項目就不會真的結束，因為它們是關係到我個人或專業特定領域的任務或活動列表。例如，我曾經有過一個名叫「行銷」的項目，我把所有跟行銷稍微相關的任務都放在這個項目裡。我另外還有一個「個人事務」的項目，裡面的任務全都是在工作之後需要完成，但無法歸類到任何目標導向的項目之中。

項目其實就只是任務列表。你可以決定哪些是目標導向的項目，哪些則是不間斷進行的項目。例如在我的列表中，你會發現好幾個項目是同時符合這兩種分類。

使用顏色讓項目從列表中脫穎而出

你可以為項目分配顏色。預設情況下，所有項目都是淺灰色，但如果你為它分配別種顏色之後，這個項目馬上就比列表中的其他項目更明顯了。

有些人甚至用了紅綠燈的顏色來幫項目分配狀態──綠色是「確認」，黃色是「問題」，紅色是「緊急」。透過為項目分配顏色，你可以依照個人想法更有彈性地設計項目列表。

項目太多？使用標籤吧！

Nozbe的扁平項目列表很容易使用，但是當你的責任義務越來越多，你想找到特定項目，或是把你現在想處理的相似的項目聚集在一起，難度也會變得越來越高。

這時候，將類似項目分組在一起的標籤功能就能派上用場。當你想專注於特定的項目，並隱藏其他項目時，你只需將這些項目歸類於一個共同的標籤，如此一來，在項目列表中，就可以選擇那個標籤，進而只看到那些項目。

底下是一些使用標籤功能的例子：

- 建立一個名為「部落格」的標籤，並標記所有與經營部落格相關的項目（發文、更新、社群媒體等等。）
- 建立一個名為「公司」的標籤，並標記所有與公司相關的項目。
- 你也可以有個「閒置」標籤，把所有已經開始但被叫停，沒有明確的完成時間的項目，歸類在這個標籤裡。例如，客戶並不確定要不要推動下去，但你已經有些對這個項目有幫助的資訊，就可以歸類在這個標籤裡（正如本書的發行團隊克里斯托夫所建議的）。
- 你甚至可以建立一個名為「開始工作！」的標籤，並把所有你希望在本週完成的項目都歸類在這裡。

　　運用標籤可以創造太多可能性了。我有超過一百個項目，以及不到十個標籤來協助我管理我的所有項目。

用「項目範本」處理經常或定期重複的目標導向項目

每個人的工作會不時地需要重複某些特定活動，在這種情況下，數位工具就變得特別方便。多虧了現代科技，你不用重複寫下同樣的東西。

在Nozbe中，你可以使用項目範本來處理這種重複活動。如果這個目標導向項目是一堆你需要重複完成的任務的集合，把它存成範本吧，這樣之後只需透過範本建立新項目，就可以繼續往下完成任務了。

如果你是自由業，對於接新客戶這件事，你可能已經有固定的任務列表。建立一個標題為「新客戶」，並包含那些任務的範本，這樣可以讓你節省很多寶貴的時間，並且優化接受新業務的過程。

如果你每年都在春天打掃房子，建立一個名叫「春季清潔」的範本，並包含你需要檢查的房子所有角落。如果你經常需要出差，建立一個名為「需要打包的東西」的範本，這樣一來，你再也不會忘記任何一樣攜帶物。

善用別人的經驗也很有幫助，我鼓勵你到Nozbe.how頁面看看其他Nozbe用戶建立的範本。除此之外，在那裡還可以找到我建立的一系列任務列表，像是成功地準備鐵人三項比賽、一系列為訓練十公里賽跑的練習、美味佳餚的食譜以及旅遊小提醒等等。

你可能已經注意到，在本書每章結尾的額外資料欄目，都會以範本的形式發布，你可以輕鬆地在你的Nozbe帳戶中使用這些範本。

自我練習 將一項主要任務轉變成項目

你要轉變成項目的任務名稱：

你要添加的新任務：

- [ ]
- [ ]
- [ ]
- [ ]
- [ ]
- [ ]

這個練習是請你在你的收件箱之中，選擇一項需要幾個步驟的任務，並將其細分成更小的任務。記得利用描述具體需要做的實際行動，用動詞命名這些任務。

為了讓這件事更容易，你可以一邊想像自己做這些行動。這會幫助你在建立特定任務的時候，可以使用正確的動詞，同時激勵你去完成它們。恭喜，這是你的第一個項目！

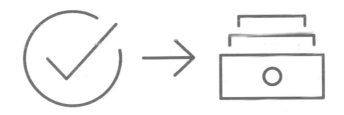

第二章的施行計畫：將任務分類，轉變成項目，同時變得更有效率！

完成上述動作後，請看看這張列滿待辦事項的紙，標記出那些屬於項目的內容。

將任務轉變成項目，確保這些項目中包含著你建立的每一個小步驟。

仔細檢查你的列表上的任務名稱，看看它們是不是既清楚且激勵你去完成？如果沒有，運用本章提到的提示修改它們吧。

祝你好運！

■**額外的資料**

　　如果你對如何管理項目並有效率地完成它們有

興趣，可以在此連結下載一系列我幫你準備與這個

主題相關的實用文章、範本和影片：**10steps.tw/bonus**

專注於
最重要的事情！

找出有助於推動項目的行動，
並將它們排好先後順序。
處理項目中的任務，
挑選你要優先執行的操作──
也就是說，
需要你下一次或盡快完成的任務。

　　當你把你的收件箱內容，妥善分類成任務和項目之後，接著就可以向前推進，想辦法完成其中的一部分了。

　　你是不是經常問自己：「接下來我該做什麼？」

　　在這個章節中，我想幫你弄清楚兩個關於生產力非常重要的面向：如何找到下一個讓項目有進展的實際動作，以及如何確定先後順序，進而讓你有非常具生產力的一天。

　　如果你能完成前兩章的活動，現在應該有一個滿長的項目列表，也已經為其分配了許多任務。不過，接著該從哪裡開始？如何安排這一切，讓它們能按照順序順利進行？你該關注什麼？

這時候，哭可不是你的選項之一……

如何處理一個項目

讓我給你一個提示：每次你處理一個新項目時，看看它的任務列表，並想想哪些可能是下一個動作。在這個時間點，完成哪些任務能讓你更快達成目標？

這件事非常重要，因為我們不能像使用自我調節系統（self-regulating system）一樣看待任務列表，那會讓我們每次都必須從完成第一個任務之後，才能進行第二個任務，依此類推。

例外的存在證明了我所說的規則。你必須知道，有時候就是第一個任務阻礙了你整個項目的推動。很多時候，下一步該採取的行動，並不那麼明顯……不過一旦你找到正確的那一步，整個項目就都會順利往前推進發展！

成功的關鍵是：小勝利理論。根據這個理論，即便你完成的是項目中最小的任務，無論它有多麼枝微末節，你即刻就能看到從行動所導致可衡量的成果，讓你可以感覺更好，並且獲得維持項目進展的動力和動能。

　　這就是你完成工作的方式，也是為什麼你應該要在每一個想完成的項目中，確定好下一步！

項目的範例：烘焙蛋糕

　　在採買完材料之前，我們無法烤好蛋糕；在選完食譜之前，我們無法去採買；在確定完大家想吃哪種蛋糕之前，我們無法決定要選哪一種食譜。這是一個擁有接連不斷任務的典型案例，但並不是所有環節都連結在一起！

　　例如，我們可以把終究要洗的蛋糕烤盤先洗乾淨。透過這種方式，雖然並沒有讓我們太接近「烤好一個蛋糕並冰進冰箱」這個目標，但這至少是個開始。所以我們發現，光是清洗烤盤，也可以變成「烘焙蛋糕」項目的起點。

　　如果你給自己設下限制，縮短做決定的時間，就能更快地朝著完成目標邁進。決定蛋糕種類可能會相當棘手，一部分的家人或許想吃起司蛋糕，其他家人則想要一個蘋果蛋糕。在這種情況下，最好直接舉行投票（兩分鐘規則），然後順利地選擇食譜。

下一個行動會是購物採買，這就是我們隨時可以委任給家裡其他人做的事了（第五章將詳細介紹關於「委託其他人」這個主題）。這個項目已經啟動，不知不覺中，你將會享受到那個美味的蛋糕。

確認下一步行動的先後順序——如何全部完成？

現在你已經知道項目中接下來的行動有哪些，是時候該確認它們的優先順序了。並非所有後續行動都是同樣重要的，也不是所有項目都應該馬上有進展。

每天都可以由你來決定，哪些任務要先做，哪些又可以延到之後再完成。希望本章的下一個部分能夠協助你做出這些決定。

從大石頭開始 —— 今天最重要的任務

為了說明工作順序的問題，讓我告訴你一個我發現很有幫助，關於「大石頭」的故事。

■**實例**

一位教授在課堂上拿出一個很大的空瓶子，瓶子旁邊有一堆石頭，有些很大，有些中等，剩下的很小；他另外還準備了一些沙子。

這位教授把最大的石頭放進罐子裡，接著把中等尺寸的石頭也倒進罐子裡，然後放小石頭，最後他把手邊的沙子倒進瓶子裡，填滿所有大小石頭之間的空隙，將整個瓶子裝滿。完成之後，他問學生們：「為什麼我要按照這個順序把石頭放進罐子裡呢？」

其中一個學生回答：「老師，因為如果你先倒沙子和小石頭，這樣一來，罐子就沒有空間放大石頭了！」

任務也是如此。如果你先擱置關鍵任務，而是從最瑣碎的任務開始解鎖，你會發現一整天都結束了，你卻沒有時間去處理對你來說真正最重要的事情。

這就是為什麼「一天設定一到三個目標」非常重要的原因。蓋瑞‧凱勒（Gary Keller）和傑伊‧巴帕森（Jay Papasan）在著作《成功，從聚焦一件事開始：不流失專注力的減法原則》（The One Thing）中提到，最好把自己要完成的任務限制在最低限度。他們建議確定一個當天的關鍵目標，並將所有其他事項視為次要目標。

　　本書發行團隊的成員克里斯托夫，則是建議採納「1-3-5法則」，意思是在一天之中，你要在當天的待辦事項找到一件最重要的事、三個重要任務，以及五個相對較小的任務。

　　我喜歡取中間值，我會在睡前寫下三件我希望在隔天能完成的事情。根據許多理論和研究，在睡眠期間，人的潛意識也會去思考醒來之後計劃要做的工作。

　　隔天早上，我會再次檢視這三個任務，將它們置頂在我的優先事項列表，等我開始工作的時候，就可以從它們先做。完成這三項關鍵任務的其中一項之前，我會盡量避免使用社群媒體和檢查電子郵件。接著稍後，我再繼續進行我列表中其他項目的下一個動作。

實際使用Nozbe來管理優先順序

我想再次向你示範，使用例如Nozbe這一類的數位化系統，可以輕鬆地管理你的優先事項。

正如前一章中已經提過的，你可以在Nozbe中建立許多項目，並在其中分別執行餘下任務。一旦找到特定項目中的某個任務，並確定是你的下一個動作時，你可以用星號標記它，這樣它就會出現在你的Nozbe的優先級任務列表中。任何標示星號的任務都會自動出現在該列表中。優先級任務列表上的任務順序，與其相對應項目中的順序無關。

此外，為了幫助你確認優先級任務列表已經完成，並成為你的指揮中心，Nozbe裡的某些任務將自動被分配一顆星。讓我們來看看這是什麼時候發生的。

當任務自動成為優先級

我們假設在其中一個項目裡，你有一個任務的完成日期設置為「今天」。Nozbe系統將自動為它標示星號，並讓它顯示在優先級任務列表中，你無需執行任何操作。多虧這項功能，你

不會錯過任何重要的會議或日期。

　　我曾經偶爾忘記一些我該完成的事。現在我知道，如果我在Nozbe中為某項任務設定了確切的日期，系統會自動將其標記為優先事項，並在到期當天發送適切的通知給我。

　　有時候我知道當天無法處理任務，但隔天就能處理它，於是我會將它分配到「明天」的狀態，系統便會收回星號標記，並推延任務。這同時表示，Nozbe系統明天會把這個任務標記星號，並移回我的優先級任務列表中。

　　如果你跟一個團隊共享一個項目（我們將在第五章中詳細討論），有人將任務委託給你，系統就會自動標記星號，你不必擔心錯過任何事。

　　如果當天的優先級任務列表過長，這時可以使用參數（第六章有更多關於這部分的內容）進行過濾，例如截止日期、任務持續時間以及其他條件。這有助於縮小任務列表的範圍，並讓你更專注於需要處理的特定任務。憑藉這個濃縮的視角，你會發現你的生產力飛漲！

專注在「最重要」的事——優先事項！

　　切記不要把所有任務都標記為優先，這只會破壞這個分類的目的。此外，你也可以有一整個項目是無需規劃與進行任何下一步的操作。這一切都取決於你想怎麼安排與執行。

自我練習　你的優先級任務

還記得你在第一章列出的任務嗎？從這些任務之中，選出三個優先級任務。

第三章的施行計畫：選擇你的優先事項

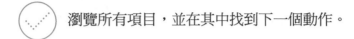

瀏覽所有項目，並在其中找到下一個動作。

確定這些優先任務中哪些是最重要的，並讓它成為你的
第一到三個大石頭──稍後你可以處理其餘的事情。

從優先事項列表（一到三個主要項目，以及一些次重要
的項目）中完成至少五個任務，並觀察你的項目如何往
目標前進！

祝你好運！

■**額外的資料**

　　如果你對於如何決定下一步行動有興趣，可以
在此連結下載一系列我幫你準備，與這個主題相關
的實用文章、範本和影片：10steps.tw/bonus

隨時隨地
擁有超高生產力

使用現代移動裝置
和雲端有效率地工作。
生產力高低跟時間
或地點一點關係都沒有。
現代科技讓我們能夠在旅途中工作，
並在過程中節省大量的時間。

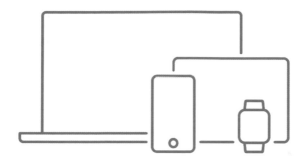

二十一世紀的美妙之處，在於多虧有了驚人的科技，我們可以隨時隨地實現超高生產力。在我們公司，已經把科技運用到了另一個境界，因為我們在「無辦公室」的系統裡工作。這意味著我們每個人都在家工作，而且我們沒有中央辦公室。藉由網際網路的力量，我們能夠有效地溝通和工作。

這種經營方式迫使我們形成一定的習慣，並善用讓我們能夠從地球上的任何地點執行任務的所有工具：電腦、平板電腦、智慧手機……你想得到的所有工具！

即使你在比較傳統的環境中工作，必須每天在家裡和辦公室之間通勤，你仍然可以從這種適合遠距工作的工具中受益。

這樣一來，即使人不在辦公室，也可以存取所需的資料和工作系統，而且始終能夠高效率地工作，隨時隨地完成！

紙本完全沒辦法跟其他工具同步

坊間探討生產力和時間管理的書籍，有時會鼓勵讀者使用紙張、便利貼或是紙質日曆；連我也在本書的前幾章之中提過這種方法。紙上的練習可以協助你理解特定的事情，但我不希望因此鼓勵你建立一個單獨構築在紙筆基礎的系統。

現在幾乎任何人都可以無限制的存取使用網際網路。我們擁有先進的4G（LTE）行動網路和大規模的光纖網路連線，同時還有不斷進化的可攜式電腦、平板電腦和智慧手機。我認為現代人（就是你啦）應該妥善利用先進科技提供的解決方案，建立以這些工具為基礎的生產力系統。

紙張無法跟任何東西同步；紙張的變通性也很低，你很難在一張紙上重新組織東西。而且，如果你把重要的事情寫在紙上，卻忘在家裡，出門之後你將無法獲得這些資訊！假使你的家人不小心把這張紙當成垃圾處理掉，你的筆記將永遠消失。

解決方法之一，是利用智慧手機把紙本筆記拍下來……但其實還有更好的方法！

利用網路雲端來同步

你有聽過網路雲端嗎？有高生產力的人並不害怕它。如果不知道我在說什麼，容我解釋一下：當你把資料存在雲端上，那些資料將會安全地儲存在遠端伺服器上。你可以透過能連上網際網路的設備來存取那些資料，例如電腦、智慧手機或是平板電腦。

其實這就是多年來電子郵件的概念和運作方式。訊息可以存在你的本地端磁碟中，但更重要的是，訊息同時也保存在運營商的伺服器上。在你與Apple、Google或是Microsoft系統同步時，你的聯絡人列表都會以相同的方式運作——你可以將此邏輯擴展到處理大部分資料。

以下我將向你示範如何使用現代智慧手機，來發揮網路雲端的潛力。

透過iPhone來存取所有內容

現代科技發展至此，我完成工作可能需要的各式各樣資訊，都可以在智慧手機上完成存取。

iPhone會自動將你連結到Apple的雲端服務，它們稱之為iCloud。有了這個服務，我的所有聯絡人、電子郵件和其他儲存於我手機裡的資訊，也會同時存在雲端（Apple的伺服器）上。每晚充電手機時，我智慧手機上全部的資訊都會自動備份到Apple的伺服器。

多虧如此，即使我的iPhone被偷、毀損或遺失，我只需購買另一支iPhone並登入iCloud。透過這個動作，我以前所有的電話內容將從雲端下載回來，我重新獲得所有資訊，就像什麼事都沒發生一樣。

此外，我的智慧手機裡的大部分程式，都會把資料保留在雲端上：

● 電子郵件（存在iCloud和Google上）。
● 使用Apple的Keynote、Numbers或Pages軟體所建立的文件和投影片（存在iCloud上）。

- Microsoft Office文件（存在OneDrive上）。

- 和其他同事一起建立的文件（存在Google雲端硬碟上）。

- 任何其他文件（存在Dropbox伺服器上）。

- 筆記（存在Evernote伺服器上）。

- 任務和項目（與Nozbe伺服器同步）。

- 照片（存在iCloud照片上，有些照片則可能存在Google相簿或 Flickr上）。

　　這些選項確保我可以透過手機來存取工作所需的所有資源；我的平板和筆記型電腦，也可以用一樣的方式存取資料。我在這三種設備裡面的所有資料，永遠都是同步的，我可以視需求隨心所欲地切換設備，並維持高生產力。這是二十一世紀的人們應該善用的工作方式！

　　我是Apple的粉絲，所以我用iPhone來舉例。不過其他品牌的智慧手機，尤其是Android作業系統，也都可以用類似的方式進行配置。

　　編輯團隊的士愷分享了自己的例子：

■**實例**

　　我是個作家，偶爾在搭車時會想到一些有趣的題材，我通常會把這些點子，先記錄在手機內有雲端功能的記事本。

　　等到我有時間認真把文章寫出來時，我會坐在電腦前，把記事本打開，慢慢把點子化成文章。這樣的工作方式，讓我隨時隨地都可以發想創意，不受時間和空間的限制。

雲端存取和資料安全

　　在雲端存取資料有很多好處，最重要的一點是，只要你能連上網際網路，它保證你可以使用任何你選擇的設備，在任何地方存取你的資料。

　　把客戶資料存放在雲端的企業，會採取很多預防措施，來確保其設備可以保護這些資源。即便如此，還是有許多人並不信任這種資料儲存方式。

　　將重要的文件和資訊傳到某個人的外部伺服器這個想法，讓人感到緊張。不過這麼想吧，當你的電腦壞了，或是手機不小心掉進湖裡，你的文件依然都是安全的──只要它們有雲端備份。

　　架構雲端系統的公司擁有數千甚至數百萬名用戶，因此他們知道如何建立和維護備份用的設備，以及加密其儲存的資料。他們必須確保客戶的資訊在任何時候都安全無虞，畢竟這是他們維持公司不至於倒閉的收入來源和謀生之道。

　　當然，如果你自己願意遵循資料安全的基本規則，也不會有任何壞處：

● 使用較長的密碼，由多個單詞或是隨機符號組成。

● 使用密碼管理軟體，像是1Password或KeePass，這樣你就不用將密碼存在文件檔案裡，或是寫在電腦旁邊的一張紙上（噢，人性真是無可救藥啊）。

● 盡可能使用多層身分驗證選項，例如除了要輸入用戶名和密碼，還需要驗證透過簡訊發送的代碼，才能完成登入。

好用的行動裝置軟體

將資料儲存在雲端的另外一個好處是，你可以透過針對你的設備優化過的軟體存取那些資料。

我非常喜歡在平板電腦上工作，我甚至寫了一本名為《#iPadOnly》的書，我在書中說明了平板電腦有許多實用的應用軟體，可以讓你高效率又舒適地工作。你正在閱讀的這一章，其實我就是在iPad Pro上編輯的呢！

無論如何，這些應用程式已經完成優化，適合在較小的螢幕使用並搭配觸控功能，營造出在平板電腦上非常舒適的操作體驗，完全不遜於在「傳統」電腦上工作。

　　智慧手機上的應用軟體也是如此，它們不僅簡單易用，還妥善利用手機相機或GPS系統等額外功能。想要將圖片附加到對任務的評論嗎？用手機拍照，就準備就緒了！你要尋找最近的牙醫診所嗎？GPS衛星和Google地圖應用軟體將幫你找到合適的診所！

　　許多應用程式甚至考慮到網路連線不穩定的問題，即使在這種狀況下依然可以順暢工作，一旦你重新連線到網路，所有資料都會和雲端伺服器同步——這種功能也是Nozbe的主要優勢之一。

實戰使用雲端存取

　　透過雲端使用及存取資料，大大簡化了在多個設備或和其他人一起工作的流程。以下範例說明了相當常見的狀況。

■實例1：購物清單

　　當我外出購物時，我會使用存在Nozbe中的購物列表。我在與老婆共享的項目中核對每件產品，無論我老婆何時（不管她在家或是在工作）想到我們可能需要什麼東西，她會將其添加到我們的共同項目中。這些資訊最後會跑進我口袋裡……的iPhone上的Nozbe軟體中，而我老婆很高興我沒有忘記任何事。

　　如果我老婆是在我出門之前，才給我一張欲採購清單的總表，一旦我出了門，她就沒有辦法增加更多後來才想到的東西，我也就無法一次買足她想到的所有物品了。

■實例2：隨手作筆記

　　我開車送孩子們上學，在回來的路上，我已經在腦中思考著我的工作。我想出一個好主意，並將其保存在手機的記事本中。

　　回到辦公室後，我坐在電腦前，打開記錄筆記的應用程式。我的筆記已經等在那裡了，我能夠立刻從我上次存取完的部分接下去，甚至不用開我的手機就能繼續做。

■實例3：打發候診的時間

　　我在牙醫診所等待叫號。我非常緊張，可是候診室裡卻只有一堆描述我不感興趣之名人生活的雜誌。為了做點什麼，我拿出我的智慧手機，完成了一篇我在辦公室已經寫到一半的部落格文章。這使我能專注於處理重要的事情，而非浪費時間閱讀毫無意義的雜誌，並在等待過程中感到不悅。

■實例4：做會議準備

　　本書發行團隊成員和Nozbe用戶克萊兒提供了以下例子：「我在筆記型電腦上使用Evernote製作筆記來準備會議，然後我會帶著iPad參加會議，並參考我事先做的筆記，進一步記錄額外的紀錄。我可以在會議之後，透過筆記型電腦或甚至手機上，輕鬆查看我的所有筆記！」

雲端服務讓更多「無辦公室」類型的公司化為可能

正如我在本章開頭提到的，我不相信現代科技的最新成就，只限於像我這樣的非傳統公司能夠運用（儘管員工已經超過二十四人以上，我們依然沒有中央辦公室）。

或許，善用現代科技的潛力，允許你的員工遠端工作，其實滿合理的？如果不是全程都遠端工作，或許每週可以有幾天這樣？如果能夠透過遠距工作的方式，讓你得以返回家鄉，又不必放棄你的工作，這樣不是很好嗎？

不要告訴我，一旦你離開辦公室，就完全不處理與工作有關的事情……這就是為什麼在雲端上備份資料非常重要！

自我練習 你的雲端工具

你使用了哪些雲端工具呢?列出你目前已使用的,以及你打算
試用的。

1. _____

2. _____

3. _____

4. _____

5. _____

6. _____

7. _____

8. _____

第四章的施行計畫：擁抱雲端，在任何地方工作！

為了方便你工作，關於如何使用任何設備從任何地方開始工作，底下有幾個值得關注的小提示：

✓ 確保每個重要的應用程式都可以離線工作，而且可以在你使用的所有平台上工作，並且自動同步到雲端。

✓ 如果沒有，找到符合這個標準的設置，然後把所有的資料轉移過去。

✓ 確保你的資料是受到妥善保護的──在所有地方都使用高強度密碼，如果必要的話，開始使用密碼管理軟體。只要有辦法，就選用兩步驟登入流程。

祝你好運！

■**額外的資料**

　　如果你希望獲得關於如何無論時間地點高效

率工作的更多技巧，可以到此連結下載一系列有關

現代科技、網路雲端和行動軟體的實用文章、範本和影片：

10steps.tw/bonus

委派任務以實現更多
——在團隊中工作！

透過任務進行溝通，
有效地與其他人合作。

即使你完美做到書中
提到的前四步，
一天還是只有二十四個小時，
你必須學會如何與其他人
有效合作與指派任務。

　　成功的團隊會善用技能並促進開放式溝通，但為了實現最佳合作，團隊還需要掌握任務分配。在本章中，我將討論如何透過委任和溝通任務來提高生產力。我們會以一些室友之間的合作為例，開始建立一個有效率的公司團隊。

　　出乎意料的是，即使對那些自認是「孤狼」的人們而言，本章的提示也會派上用場。我將證明，即使你已經設法完美地完成本書的前幾個步驟（安排項目、設定優先順序和發現在任何地方工作的可能性），一天依然只有二十四小時。如果你想成功，並延伸你的一天，你必須學會如何與他人合作。

「如果要從今天開始，我會做什麼改變？」

在我做演講和會議簡報時，聽眾最常對我提出的問題是：「如果你能回到過去，並再次創立Nozbe，這一切會有什麼不同嗎？」

許多人回答這類問題的時候，都會說他們不會改變任何一件事，因為每次教訓都同樣重要。雖然我大致上贊同這一點，但我會改變一件事：我會盡快僱用員工。

第一年，我只有一個人工作；第二年，我聘請一位寫程式的軟體工程師；第三年，我僱用一名客服人員；直到第四年，我才開始建立一個真正的團隊。現在我知道應該用全然不同的方式進行了——我的意思並非要創造就業機會，而是指我該更早尋求各領域專家的協助。

「自己動手」的人和「固執」的人

每個人應該都聽過下列這些句子很多次：「你意思是我做不到嗎？」、「你認為我無法處理？」、「你想完成一件事，就應該自己去做」。

　　我的感覺是，這種態度已經深植人心。我們經常堅持獨自做事，害怕相信別人；我們認為自己最了解一切，或是根本不想交出控制權。當我初入商業世界之際，也有這種感覺。

　　在Nozbe工作的前幾年，我負責處理所有事情：編寫程式碼、開發新的軟體功能、行銷資料的建立、回覆電子郵件、促銷商品、與新聞界聯絡、管理帳單。

　　不言而喻，事情總是要有人起頭，但我是所有這些領域的專家嗎？當然不是。「我無法自己處理所有事情」的啟示來得太晚，這就是為什麼我把這段寫進這本書──我不希望你重蹈覆轍。我們並不是在每個領域都是最棒的！

　　讓我們從本書發行團隊的安德魯（Andrew）提供的簡單例子開始：「我如何在一個週末裡完成家裡的春季打掃？」

　　你有兩個選項：

1. 你可以讓你的家人去公園散步，然後自己進行所有的清潔工作。顯然這就是所謂的「我知道如何做到最好」。

2. 或者，你可以在週六早上與大家一起坐下來討論，弄清楚需

要清理什麼，以及每個人最擅長什麼；你分解任務，並開始工作。

在「一個週末裡」這個時間框架內，哪個選項似乎更實用、更快速，而且最重要的是，或許更實際可行呢？我相信是第二個。

但要小心，因為玫瑰可是有刺的！特別是當你與家中稍微年輕的成員一起工作時，你可能需要多次解釋某些事情，有時候需要修正他們的錯誤，或指出某些問題。一旦他們知道自己在做什麼，打掃也可以是一個很有趣的項目，這樣分解任務的影響也許會超出你的期望！

切記一天只有二十四小時

令人難過的是，每個人每天永遠都只有二十四小時，我們不可能延長或縮短時間。（如果你有辦法而且知道該怎麼達成，請告訴我！）我唯一知道延長一天可用時間的方式，就是向別人尋求幫助。看看那些成功人士是怎麼做的吧：

- 凱文・杜蘭特（Kevin Durant）：有史以來最好的籃球員之一。他被顧問、經紀人、物理治療師，以及其他許多幫助他在場上和場外取得成功的人包圍。

- 華倫・巴菲特（Warren Buffett）：全世界第四富有的人，被某些人認為是世界上最成功的投資人之一。他不是單獨管理所有業務和投資，他被值得信賴的人們包圍。

- 伊隆・馬斯克（Elon Musk）：特斯拉（Tesla）電動車和SpaceX火箭的創立者。如果沒有一支充滿優秀科學家和企業家的團隊，他將無法管理所有事情。

- 麥可・凱悅（Michael Hyatt）：超有名的作家、部落客和演講者。他與一個由他的團隊成員和自由工作者組建的網絡合作，幫助他提供有價值的產品和內容。

為了取得成功，值得你接受一個事實：**其他人也可以像你一樣有能力，甚至比你更好地完成任務**。希望你能願意與他人一起工作，共同分擔任務，並以團隊的方式齊力實現目標。

超級英雄並不存在！

上面提及的這些人都意識到，他們不是精通一切的專家！在那些他們需要幫忙的領域裡，他們會去僱用專家。

凱文‧杜蘭特是一名有競爭力的籃球運動員，但他同時也是一位出色的投資者，為什麼？因為他有顧問協助他做出投資決定。麥可‧凱悅對出版藝術、建立平台和觀眾有著豐富的知識，但他仍然會去善用那些擅長音頻與影像編輯的人員。

在我恍然大悟之後，我終於聘用了第一位軟體工程師，我確認我選了一個寫程式比我更強的人，確保他能對我的軟體進行重大改進。時至今日，Nozbe的開發團隊完全由天才組成。在程式編譯藝術中，我甚至無法為他們點燈指引往後的道路，而這正是最佳狀況！多虧了他們豐富的知識和經驗，我們的產品比以往更好，而且發展得更快。

慢慢開始學習委派任務

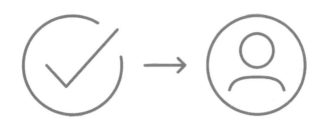

　　我在上面的春季大掃除例子裡已經提到過，學習放手控制權，應該從家裡開始。怎麼做？透過分工，明確細分任務和共同決定目標。我的意思並非「推卸責任」，而是一起完成目標並互補對方的工作。

　　「我自己做可以做得更快！」如果你有這種想法，認為向別人解釋是浪費時間，請再考慮一下。

　　我相信你認為，單獨解決問題會更快，省得花功夫向某些人解釋，之後還被迫要去修正他們造成的錯誤，對吧？我剛開公司的時候，也有這種想法。

　　嘗試用另一種角度看這件事情吧：這是一項投資！一旦一

位同事了解你的期望,他或她一定能夠完成出色的工作。讓自己放鬆,保留驚喜的空間。如果事情一開始進行得不如預期,那就彼此溝通溝通,雙方做出一些調整,我相信狀況會變得越來越好!

這就是為什麼我在本章開頭就強調我應該盡快僱用更多人。不一定要聘僱全職人員,而是找人幫忙特定任務。例如修正網頁內容。這可能需要花一位平面設計師一個小時的工時,但對我而言,卻是整整兩天的工作時間。我也可以請我的軟體工程師朋友協助新增一個產品功能,而不是自己花了整整一週的時間來實現。他或許可以做得比我更快,甚至更好。

我曾經擔心僱用別人做事,會花掉太多時間、精力和金錢。當時我並沒有想到,其實可以透過提供友善的交易開始,利用我的專業跟對方交換他們的專業技術,或是僱用一個以時計費的自由工作者。這樣一來,我可以節省很多能妥善運用來完成其他任務的時間。

現在我們已經有超過二十位全職工作的同仁,也和十位翻譯人員合作(我們的產品提供十種不同的語言選擇)。這些譯

者並非受僱的全職人員，但他們仍然經常收到我們寄的待譯文件，並在每個月底根據翻譯的字數計費。

　　Nozbe只是他們的客戶之一，但由於Nozbe經常與他們合作，雙方都知道可以互相信賴。他們能收到翻譯報酬，我們則能得到他們的服務，這種系統對雙方都有好處。

SMART系統——團隊合作的第一步

　　如今你已經知道，我並不是要說服你去僱用一堆人，只是鼓勵你養成習慣，委任其他人去執行一些任務。現在是時候進入到更實際的部分了：如何有效地委派工作？如何讓大家一起工作？

假設你正在經營一個慢慢開始流行的部落格，你想讓平面設計師朋友來更新你的網站外觀，要怎麼做到呢？你可以使用受歡迎的S.M.A.R.T.系統來指定任務；這個好記的系統名稱，分別代表「具體」（Specific），「可衡量」（Measurable），「可實現」（Actionable），「現實性」（Realistic），「時效性」（Time-bound）。

- S（具體）：向設計師傳達你期望得到的內容，諸如：修正部落格的顏色、改變頁面佈局、重新設計標誌（Logo），並善用前一次圖片會議所取得的照片。

- M（可衡量）：與設計師一起討論什麼事情最重要，應該專注於此；在你做決定之前需要幾個版本；如何衡量項目的進度。

- A（可實現）：一起弄清楚需要採取哪些步驟才能完成，哪些是合理的，哪些又是因為太費工或者需要太多資金，必須暫緩或往後推延。

- R（現實性）：為了確保設計師完成出色的工作，可以採用激

勵的方式，讓他有動力與熱情完成這個工作，但必須設定切
合實際的期望值。

● **T（時效性）**：決定何時必須完成工作。有一個具體日期是至
關重要的，以免工作永遠沒有結束的一天。你希望項目什麼
時候準備好？你什麼時候需要最終版本？新頁面什麼時候必
須上線開始運行？你想要什麼時候正式發佈？

　　如你所見，為了讓這樣一個項目成功，你需要在規劃階段
盡早闡明各種不同的細節。與承包商保持聯繫，確保正確且即
時完成工作，當然也是沒有壞處。

讓我們開始合作吧！

　　我相信你現在會問自己，要如何跟設計師合作？嗯，這一
切都始於你的承諾。盡你所能地了解所有關於項目的資訊，是
你的職責之一。你可以使用S.M.A.R.T.標準，做為敘述項目各種
不同方向的準則。

　　你記下來的資訊越多越好，這樣一來，設計師就可以準確

地知道你的期望，並將所有準則寫在同一個地方——就像電子
郵件或其他類似的訊息一樣。

開始談正事

我建議只在發送完所有工作規格敘述之後，才與承包商透
過電話聯絡或是直接碰面。這樣可以讓雙方經由這種方式先熟
悉工作細節，提前為雙方之間的討論做好準備。

許多人在確定細節之前就一直討論，其實這只讓會議毫無
生產力，花上比實際所需更長的時間。為了提高效率，可以採
用以下的原則。

先寫下來，然後用說的……接著再寫一次

如果不確定你想要什麼，你就無法正確地給對方指令。如
果不先寫下想討論的內容，你就不能指望夥伴理解或是記住他
們需要知道的一切。這就是為什麼，根據一個既定準則進行對
話會非常重要——這讓你有辦法寫筆記，解釋不確定的元素，
並在過程中添加新的想法和發現。

在談話之後，把筆記寄給他們

此外，在這樣的會議之後，應該要把你記下來的會議摘要寄給對方，以確保雙方了解會議中討論過的問題。

監控項目進度

之後，你需要隨時留意最新狀態並監控項目（例如透過電子郵件）。所有新的資訊都必須以書面形式寄給承包商，任何問題都需要得到回答，避免有任何延誤。

當每個人都在做該做的事，部落格就能順利開枝散葉

多虧了上述這種幫忙，你可以專心為部落格準備有價值的內容並宣傳它。同時你的設計師也會負責網站的外觀，你只需要保持聯繫，並密切注意該項目的進展，而不是從頭開始學習Photoshop。

這樣你一定可以更快地實現你的目標，而且效果會比你自己做的更好。你的讀者會感激你這樣做的！

異步合作是成功的關鍵

從上面的例子可以看到，我提出「異步合作」這個概念，意思是：為了有效地一起工作，我們各自進行各自的工作。

在同步合作的情況下，我們會不斷交換資訊，期望彼此立刻做出反應，這往往會擾亂和打斷彼此的焦點。而在異步工作的情況下，我們尊重我們合作夥伴的工作方式。

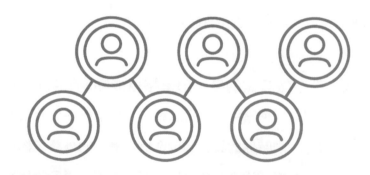

異步工作時，首先你必須親自為設計師準備好工作順序。這可能需要花上一段時間，因為你得徹底建立你的S.M.A.R.T.目標，提出初步的規範，並列出你可能有的一切想法。

接著你就能讓你的夥伴進來參與了──你可以電話討論或

是碰面，並再次記下你的決定。然後每個人就開始分頭處理自己的任務，你每隔一段時間，就檢查一下他們的進度。

透過這種做事方式，沒有人會干擾任何人，每個人都有時間專注並熟悉這個項目。當需要討論某些事情時，談話是根據事先準備好的資料，而非抽象的想法，因此對話將更有成效。

現在人們做事經常採取完全相反的方式，他們會說：

● 我們碰個面，討論一下這個話題吧。

● 我會順道去找你，然後我們可以討論一下。

● 我們安排一個會議，到時再討論所有事情吧……

這種思維導致的結果，就是漫長而無效的會議，只會增加更多後續的會議……而且參加這類會議的人們也不會事先做好準備。讓我重複一次這個理念：**首先寫下來，然後用說的……接著再寫一次。**

電子郵件是一個很棒的起點，不過……

在上述例子中，我建議大家使用電子郵件，它是兩個人一起工作時很好的溝通方式。當你還在學習如何與他人合作的時候，我認為電子郵件是一個相當有用的工具。

然而，現在很容易發現電子郵件收件箱的明顯缺陷——實在有太多信件了。我們每天如果不是收到數百封，至少也都會收到數十封電子郵件。正因如此，關鍵訊息常常被淹沒在廣告信件和其他陌生人寄來、相對不太重要的需求。更糟的是，當你處理一個同時很多人合作的項目時，大量的訊息會被淹沒在如洪流般的電子郵件中，導致越來越難跟上項目的最新發展。

　　這就是為什麼我提倡，把你和親近同事的對話，與世界上
其他所有人的溝通分開。此外，由於我們正在合作共同項目，
所以透過任務來溝通，會比使用電子郵件更有效率。

　　寄電子郵件給對方，會導向我們在潛意識層面對話；而透
過任務指示，則會督促我們進行下一步工作——這正是我們應
該做的！這就是為什麼在我的公司裡，好幾年來都沒有互發電
子郵件給彼此了，因為我們都利用Nozbe中的任務進行溝通。

透過項目管理系統中的任務進行溝通

　　就像在前面章節一樣，為了說明這個主題中最有趣的元
素，我將用Nozbe做為例子來描述團隊合作的實際面向。

Nozbe在市場上有許多競爭者，如Asana，Basecamp，Wrike
或Trello，這是個人喜好，我讓你自己決定要在這些管理系統之
中選哪一個。顯而易見，我覺得在Nozbe環境中工作最舒適，尤
其因為這個產品的設計符合本章所述的標準。

如何與使用Nozbe的設計師合作

讓我們回到那個與設計師一起合作改善我部落格外觀的例
子吧。如果雙方都使用Nozbe，你所需要做的就是建立一個新的
項目，標題取名為「重新設計部落格」，並邀請設計師加入這
個項目。接著，在項目中添加相關的任務，例如：

● 制定重新設計的規格

● 準備初步估計

● 討論規範並對預期結果達成共識

剩下要做的事，就是將工作委派給適當的人，意味著你需
要替每一項任務指派負責那個任務的人。完成之後，被選定的

人員都會接到通知。透過這種方式，設計師一定會看到，並知
道該開始處理這些任務。

　　此外，你還可以為每項任務添加評論，以便解決細微的問
題。評論可以由文字、清單、圖形、圖片，甚至是PDF或Word
文件組成；它們也可以是來自外部服務的附件，例如Dropbox、
Google雲端硬碟和Evernote。

　　每當評論出現在任務中時（例如，包含來自承包商的問
題，或是初期建議和草圖），你還可以在Nozbe的專屬概觀中檢
視它。

共享項目中資訊的透明度

　　在Nozbe中分享一個項目時，每個參與者都可以看到每個任
務現在處於什麼階段、閱讀內附的評論，或是添加新的內容以
便澄清某些模糊地帶。這樣一來，管理項目的所有元素和確認
彼此工作進度，都會變得更加容易。

　　當你想增加更多人到這個項目中時，你只需要寄電子郵件
過去邀請他們。一旦他們接受邀請，新的同事就會獲得存取所

有該項目資訊的權限，你用不著再傳送任何訊息、文件或相關
的資訊給他們。

■實例：我的老婆與家事……

在本章結束之際，我想分享另一個真實的例子。

我久久才回覆我老婆的電子郵件，讓她很不滿意；特別
是，其中某些郵件是需要立即執行的。我告訴她，我最近忙於
工作，每天都收到各式各樣大量的訊息，導致她的信件被埋沒
在通信洪流裡。

為了避免這種狀況，我提出了下列的解決方案：我在
Nozbe中建立了一個名為「家庭事務」的項目，並邀請我的妻
子參加。然後，她將之前寄給我的電子郵件匯入這個共享的項
目中。她透過轉寄所有信件到她專用的Nozbe電子郵件來完成
這個動作，並在信件主旨中指定它們應該分配到哪個項目，同
時應該分配給誰（就是我！）。

這些電子郵件將被自動轉換成任務，並直接分配給我，多
虧這個方式，所有事情都會列在我的優先事項列表上。所以，

　　我老婆的要求會突然出現在我當天的優先事項中，而在我開始
處理那些事的時候，每當有疑問，我就會加上評論，請她更具
體地描述需求，並將任務重新委派給她。在寫完必要的指示之
後，她會再把任務重新分配給我，到一天結束的時候，所有任
務都完成了。

　　我的解決方案讓我們能專注於完成任務，而不是一直對
話。從那天起，我們開始善用共享項目處理大多數問題。

不要單獨工作，你才能完成更多！

　　我希望這一章能激勵你嘗試與他人合作，這是獲得真正
成功的唯一道路！從小任務和項目逐步開始，你很快就會意識
到，建立一個真正團隊，其實完全不難，就在你的掌握之中。

　　記得麥克・傑克森（Michael Jackson）那首歌的歌名：《你
並不孤單！》（You're not alone!）嗎？因為確實如此，你並不孤
單，而且如果你想成功，就更不應該獨自行動。

自我練習 誰能夠幫忙你？

請你列出你希望能與之合作的人。誰能幫你完成你的項目？誰
會完成你自己無法完成的任務？

任務	誰能幫我？
˅	
˅	
˅	
˅	
˅	
˅	
˅	
˅	

第五章的施行計畫：跟其他人一起做！

想想你正在處理、或許可以運用外部幫助的一個項目，並挑出其他人可以幫忙的一個任務。

考慮如何說服那個人幫助你，與你一起工作。

在合作的過程中，請試著不要使用電子郵件，改為嘗試項目共享功能。

在團隊中工作，分配任務，進而完成更多！

祝你好運！

■額外的資料

如果你希望獲得關於如何有效溝通和團隊合作的更多有價值的資訊，請立即到此連結下載一系列有關團隊合作的實用文章、範本和影片：**10steps.tw/bonus**

幫你的任務分組，
更進一步！

批次將任務分配到
類別（或脈絡）裡，
將大幅增加你的生產力。

類別代表著「項目」之後
第二層分組任務的方式。

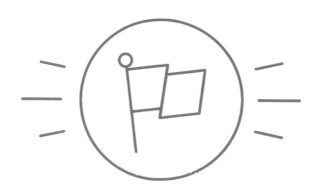

　　要將你的生產力提升到另一個層次，你需要不斷精簡並強化所有動作。在本章中，你會學到如何快速有效地使用類別來完成相似的任務，即便它們屬於不同的項目。這就像任務管理的第二度空間，而且這非常有用。本書中提到的類別概念，與大衛‧艾倫在他的書《搞定》中定義的「脈絡」（contexts），非常相似。

　　此時，你已經掌握了添加任務，將它們放入項目，以及安排優先順序的技巧。如果你也和其他人一起工作，那麼你將毋庸置疑地非常成功！

　　本章將會幫助你更加提高生產力水平。你能夠自由地連結

來自不同項目的任務。你會發現它們的相似之處，並由此以更
有效率的方式安排你的工作。

■在說明類別是什麼之前，這裡有個簡單的例子

　　一個平常工作日的下午三點，我剛吃完美味的午餐，非常
飽地回到辦公室，但我真的無心工作……事實上，我覺得需要
小睡一下，可是我還有很多事情要處理，不能想睡就睡。我能
做些什麼來恢復我的工作節奏呢？

　　通常在這種情況下，我會處理不需要耗費太多體力就能
快速得到成果的事情，例如打電話。首先，我會打電話給我老
婆，問看看她在做什麼——我們很喜歡這樣，儘管這樣的對話
通常很簡短。

　　接著，我會在項目中尋找只需透過簡短的通話就處理好的
任務，然後把這些電話打完。每次完成通話，我都可以看到項
目的進度正往前發展，讓我感覺非常有生產力。儘管吃完飯後
會覺得有點遲鈍，我仍設法照顧好所有事！

這個例子顯示了恢復活力是多麼容易的事。我所做的只是在我的項目中的所有任務裡找出到一個共同點——打電話，換言之，它們都涉及使用了特定工具。

辨別這些任務只花了我一秒鐘，因為我已經標記好所有需要打電話的任務。這樣一來，我只要按照這個類別進行過濾，我甚至能順便處理好那些不在我優先事項列表中的事情！

類別是什麼？

雖然你正在處理來自不同項目的任務，但你經常會使用類似的工具，或是在可比較的條件下處理它們——這就是類別能夠發揮作用的地方。底下有一些例子：

依「工具」區分

● **智慧手機**：你可以使用手機處理來自不同項目互不關聯的一些問題。

● **電腦**：某些時候在電腦上會比在行動設備上容易處理事情。

● **印表機**：多個項目的某些文件需要列印。

　　案例可不僅於此，本書發行團隊成員兼Nozbe用戶克里斯托夫，提供了一個例子：「我有一個叫做『銀行』的類別。意味著我銀行的線上金融平台（也算是一種工具）。透過使用這個類別，我可以一次完成安排轉帳（工作和個人用途）和其他銀行相關的業務（確認信用卡帳單等等）動作。因此，我不需要多次登入和登出網路銀行系統。」

依「地點」區分

● **在辦公室**：工作時間內需要完成的事情。

● **在家裡**：只能在家裡完成的事情。

● **離開家裡或差事**：為了不要忘記去郵局、購物、買花等等。

　　克里斯托夫在這裡又有一個很好的例子：「我們辦公室外面有一個文件儲藏庫。我有一個名為『儲藏庫』的類別，無論何時我需要儲藏庫裡的什麼東西（或者當我需要拿那邊的文件時），都會把任務歸到這個類別裡。這樣一來，任務仍然保存在各自專屬的項目裡，但我還是可以使用類別查看整個列表。非常有用。」

處理任務、時間其他變量的方式

● **無論什麼時候**：並非最重要的任務，只要你有時間時可以完成就好。

● **寫作**：用於那些需要時間撰寫較長文字的任務。

● **青蛙**：當一個任務特別重要，而且是今天的關鍵任務之一時。（語出博恩‧崔西（Brian Tracy）的《吃了那隻青蛙》[Eat That Frog]。）

● **等待**：當任務需要等待其他人回覆時——這在與客戶合作時非常有用。

　　我們書籍編輯團隊的土愷有另一個例子：「除了優先順序的類別之外，我還會有個『需要與老闆一起進行』的類別，用它來提醒自己要把握老闆有空的時間趕緊處理這些工作。」

　　類別可以讓來自不同項目的類似任務，聚集在一起，因此你可以一次大量完成，進而節省時間。

　　運用類別來分類任務，你可以快速處理相似的動作，然後繼續處理剩下需要其他工具或情況的事情。

「地點」該歸為類別或是單獨項目？

發行團隊的Nozbe用戶克里斯托夫指出，有必要解釋「在家裡」類別和「家庭事務」，又或者是「在辦公室」類別和「工作事項」項目，它們彼此之間的差異。這些名稱相似的類別和項目，要如何不相互衝突呢？底下有些說明類別和項目之間區別的例子。

■實例

「預約醫生看診」任務可以被歸類在「家庭事務」項目裡，但我們也可以將其分配到「在辦公室」類別，因為診所掛號下午四點就截止了，你只能在辦公室裡完成這件事。

同樣地，你可以在「工作事項」項目發現「為老闆準備文件」這個任務，但如果文件在家裡，你就應該將其指定為「在家裡」類別。

人物也可以是類別

在前一章中，我們討論了關於項目合作的規則，讓我們看看類別可以怎麼更進一步改善你的團隊合作。

我老婆建立了一個名為「老闆」的類別。每當她有需要與主管討論的任務時，不管那個任務屬於哪個項目，她都會把它歸到這個類別。當她準備與老闆開會時，她會印出所有歸到這個類別的任務，藉此確保自己不會忘記跟主管討論重要的事。

活動也可以是類別

根據我的行程表，星期四被我規劃為專心寫作的日子，那一天我會檢查哪些任務被我分配到「寫作」類別，其中或許會涉及各種不同項目的文字工作：我的部落格、Nozbe的部落格、在其他媒體發布的專欄、銷售和行銷題材等等。

所以當星期四來臨時，我可以輕鬆地過濾掉其他不相干的任務，把需要寫作的任務組合起來，然後開始工作。

分類是值得的！

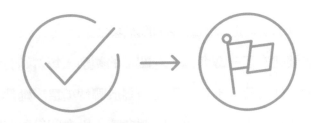

「類別」就像在你的武器庫裡多了一件額外的器械，因為它允許你根據不同地點及需要什麼工具，分類來自不同項目的任務。

你想如何處理及分配類別，完全取決於你自己——你需要弄清楚這對你來說會有什麼好處，然後付諸實踐善用它。就像所有事情一樣，中庸最好，不要過頭。過多的類別最終會將你的生活變得更複雜，並妨礙你的生產力系統的效率。

在Nozbe中分類任務

用於管理任務的數位工具，多半具備了讓你分類任務的簡易功能。例如在Nozbe中，你所需要做的就是把你的任務分配到

適當的類別。然後，你可以到「類別」標籤頁，選擇你打算處理的任何一個類別。

你也可以用分配任務的類別來過濾你的優先級列表。例如，今天我正在撰寫這本書，可是同時間我在Nozbe的優先事項列表裡有超過五十個任務。為了專注在寫作和編輯文章，我使用了過濾條件功能，撈出優先級列表中標記為「寫作」類別的任務。這下子，我只需要處理五個任務了。

某些人很厲害，真的發展出一個完整的Nozbe類別系統，像我們書籍發行團隊的克萊兒是這樣做的：「我用字首符號的方式來幫我的類別分組。我會在地點前面加逗號，例如：『，任何地方』、『，電腦』、『，辦公室』、『，電話』；在優先順序前加上一點，例如：『·A–高優先』、『·B–中優先』、『·C–低優先／某天』、『·D–委任別人』；在截止期限前加上冒號，例如：『：截止日期–11月』、『：截止日期–12月』。這有助於讓我了解我只需要選擇某個特定字首的類別，而且它會自動排序我的所有類別。出於樂趣，我還幫每個類別選定了特定的圖示呢！」

建立「緊急！」類別

我的助理常在Nozbe上分派任務給我，但為了幫我區分出那些需要立刻處理的任務，她另外新增了一個「緊急！」類別，讓我立刻看到哪些事情真的很緊迫，那些任務就是我開始工作的時候需要優先處理的。

當然，這種類別不只是與助理一起工作時有用，在其他情況下也一樣有幫助。如果你的優先級列表長到接近失控的程度，讓你很難確定關鍵任務時，「緊急！」類別會顯得非常有用。只需要將你當天的目標分配到此類別，就可以讓那些重要任務變得較突出，你就可以盡快開始處理那些任務。

在Nozbe中，單一任務可以標記多個類別，進而讓用戶更靈活運用。當我被分配到「打電話給XYZ雜誌編輯」的任務時，我的助理可以同時標記「電話」和「緊急！」兩個類別。這樣一來，無論我想要先打電話，或是先專注於重要的事情，我都不會錯過這件事。

你不需要分類每一個任務！

　　我們書籍發行團隊的蜜雪兒建議要特別提醒讀者：你不用對所有東西進行分類，但是你確實應該在必要時使用這個功能。她說：

　　　　我不會經常使用類別；我曾嘗試過新的類別分類方案，不過很快就會放棄。然而，當我的優先級或其他列表太長時，我發現將脈絡添加到任務列表會很有幫助，這可以透過各式編輯工具來快速完成，接著，我會按照類別過濾，讓我能更方便控管冗長的列表。

　　　　或許我不會再次使用這些類別，而且我新增任務時通常也不會特別多花時間去指定類別，但是當我需要把待辦任務集中在一起時，只要花幾分鐘就能完成分類，所以這是一個非常好的功能。

自我練習 你的類別有哪些？

你會在你的每日工作中設定什麼樣的類別？還有哪些標籤可以
幫忙你將任務歸類，藉此更有效率地完成任務？

任務	類別
✓	
✓	
✓	
✓	

第六章的施行計畫：根據類別分組任務，變得更有效率！

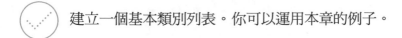

建立一個基本類別列表。你可以運用本章的例子。

思考哪些任務該分到哪些類別。

試著在下週使用類別。例如，你可以選擇一天完成需要打電話的所有任務。你會發現你運用這個功能節省了多少時間和精力！

祝你好運！

■**額外的資料**

　　如果你希望獲得更多關於分類相似任務的藝術，請立即到此連結下載一系列有關類別的實用文章、範本和影片：**10steps.tw/bonus**

掌控你的文件

管理那些
幫助你完成任務的參考資料。

讓文件和檔案可以隨時取用，
使你在完成任務時更有效率。

帳單、電子郵件附件、PDF檔案、信件、合約……，各種文件每天都會出現在我的收件箱裡。我敢打賭，你也一樣。一些文件在執行某些任務時可能至關重要，但另一些文件也可能成為你不得不處理的額外負擔。

在本章中，我將解釋我如何處理參考資料，並舉例說明你該如何管理它們，以便隨時可以取得，進而幫你更有效地完成你的任務。

「無紙化」思考──將紙本檔案數位化，以便隨時隨地存取

儘管法律還沒有趕上世界的數位化浪潮，導致我們經常需要繼續保留紙本帳單、票據、合約和其他文件，我仍然建議把所有你收到的重要文件數位化，意思是建立數位副本。

不過我們也必須小心提醒自己，不要只想著掃描／數位化所有東西，因為這樣很容易造成另一團數位化的亂局；有些文件不必掃描，直接丟掉或丟進碎紙機就好。

如果你把所有文件都存到雲端了（請參閱第四章），無論時間或地點，你都有辦法能夠存取！

我的家庭辦公系統：抽屜、掃描器（電話）和碎紙機

我們從我家裡辦公室寬敞的抽屜開始，看看我在文件夾中按主題排序的文件：

● 家：公證證書、與媒體供應商的合約等。

- 車輛：購買證明、行照、保險等。
- 家人：出生證明、護照等。
- 成就：畢業證書、競賽獎盃或其他獎品等。
- 票據：過去兩年內較昂貴物品的銷售票據和保證書等。
- 帳單：我稍後會交給會計師處理的公司帳單。

我也將這些紙本文件都數位化備份起來，儲存在雲端裡。透過這種方式，我可以從手邊可取得的任何設備，存取我抽屜中每個重要文件的數位副本。

書籍發行團隊與Nozbe用戶克里斯托夫，希望透過分享他的故事，證明將所有東西數位化的實用性：

■實例

我把所有重要文件（身分證、稅籍卡、健保卡等）都掃描並存在Evernote上。透過這種方式，無論何時我需要填寫申請表或是（關於家庭成員的）相關資料表，我都可以透過手機存取相關資訊。在旅行時，把保險書和證書收據文件都掃描起來並存到雲端，也是非常有用的。

　　我還會在工作的時候，把每份合約、聲明書、法律判決書和其他重要文件都掃描好。我們是一家律師事務所，幾乎每個星期都會有客戶或以前的客戶，來要求我們提供多年前核發的文件影本。透過將文件掃瞄並儲存在事務所的伺服器上，我不需要跑到檔案庫裡翻箱倒櫃找原始紙本。這種方法節省了大量的時間，也免去很多讓人心煩頭痛的事。

讓文件進入收件箱的過程

■例子一：銀行信用卡

1. 我收到銀行寄來附有一張新信用卡的信。

2. 包裹已經抵達我的信箱，進入我的收件箱（請參閱第一章）。

3. 我打開信封，看到新的信用卡，就立刻登入我的銀行帳戶並開卡（兩分鐘規則）。

4. 接著，我瀏覽隨附的文件，檢查是否有值得保存或收藏的重要資訊。如果沒有值得掃描的東西，就可以把文件丟進碎紙機裡了（畢竟它包含我的私人資訊）。

5. 我把卡片收好，丟掉信封。任務全部完成。

6. 附加步驟（非必須）：我會將信用卡的資訊存進安全的密碼管理器軟體中，例如1Password或Keepass。透過這種方式，我不用打開皮夾就能存取所有卡片的詳細資訊。以數位方式保存卡片，讓你在網路購物結帳的時候變得輕鬆。

■例子二：家具銷售單據

1. 我買了一張沙發放在客廳，並將銷售單據留在我的實體收件箱裡。

2. 查看收件箱時，我拿出單據，並用手機掃描好。

3. 掃描完單據之後，我會把它保存在電腦裡（或Evernote的雲端服務中），並將原始文件放進我家辦公室的「單據」文件夾裡。這樣一來，如果以後有退款或是維修需求，我還有實體副本可以使用。

> 重要提示：
>
> 我不會這樣處理所有發票和單據，我只會針對那些比較昂貴的產品。若是一般商品收據，我只會掃描數位副本之後就丟進碎紙機，私心希望數位副本就夠用。（儘管我知道某些商店和國家，這樣做可能不夠。）對於低於一定價格範圍（例如十或二十美元）的商品收據，我就直接銷毀，因為我通常不會為這些商品申請退貨或退款。

■例子三：電費、傳媒、土地、稅款等要求付費的信件

1. 我收到電費帳單。一如往常，這類文件最終會進入我的收件箱。

2. 檢查收件箱時，我會用手機把文件掃描完畢。

3. 如果法律要求我需要保留這份文件，我會把它放在一個合適的文件夾中，否則我還是會把它丟進碎紙機。

4. 如果我是第一次為特定服務付款（例如更換供應商，轉移或購買新的服務），我會在銀行建立定期付款，或在Nozbe中添加定期任務，並在該任務的評論附上數位副本，提供給我後續參考。

為什麼所有信件你都應該只讀一次？

　　最後一個例子，我想回顧一下《搞定》作者舉辦某場研討會時的一個片段：

　　我收到了一封信，拿起它讀了一遍。信上包含了一些非常

重要的資訊，所以我在我的系統裡建立了對應的任務。然後就把信撕毀，丟進垃圾桶，收工完成。

站在我旁邊的人問我：「但大衛，那是一封信呀！你怎能這麼輕易地銷毀它？！」

我心想：「沒錯，那是一封信，但我不會再讀一次信，或是把它裱框保存。信中有資訊，我也對此做出反應……所以我就不再需要它了！」

在那次研討會之後，我決定不再囤積文件，開始有效地管理文件，並快速決定如何處理每封信以及單據。

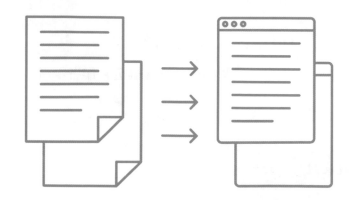

建立與保存文件的數位副本

有幾種掃描和儲存文件的方法。我會從最簡單的方式，一路分享到最進階的方法。

方法一：辦公室的掃描器和電腦裡的文件

這是最傳統的方式。我辦公室裡有一台連接電腦的掃描器。我們可以把文件放進掃描器，掃描文件，該文件就會以數位格式的方式存在硬碟裡。

我建議將文件保存在具有簡單階級結構的資料夾裡，例如第一層資料夾的標題是「文件」，第二層資料夾的標題是「2016年」，並使用例如「Bill-ikca-couch.pdf」之類的詳細檔案名。所有現代電腦都具備非常好的搜尋功能，因此可以快速又簡單地找到IKEA購買沙發的單據。

方法二：手機的掃瞄器和雲端服務中的檔案

我們大多數人其實已經有類似「掃描器」的設備了，那就是我們的智慧手機。有很多非常棒的軟體，可以用來拍文件資

料的照片，它們不只能夠辨識紙張，透過濾鏡功能還能讓拍攝的文件照片看起來像掃描出來的一樣。

此外，這類型的軟體多半也會使用OCR技術，意思是它們能夠辨識文字，讓這個掃描過的文件「可搜尋」。

這些軟體會跟雲端服務同步，掃描完的照片可以立刻上傳到iCloud、Dropbox、Google Drive、Box、OneDrive等雲端服務中。這大大簡化了文件數位化的過程：拿出你的智慧手機，拍一張你要掃描的文件的照片，將那張照片檔名改成適當的標題，並將其保存在雲端服務中。

家裡和辦公室的電腦會自動與雲端同步，因此，你不只可以從手機存取那個文件，也可以透過你的電腦和其他設備。

實用提示

我們書籍發行團隊成員與Nozbe用戶喬蘭達解釋說：「每次買到附送『紙本手冊』的東西，我都會在網路上找看看有沒有那本手冊的數位版本，如果有就可以下載備份，並把紙本手冊丟了。這樣一來，我可以節省很多空間，而且透過搜尋功能，在數位版本裡快速找到我需要的內容。」

方法三：智慧手機上的Evernote軟體

你可以抄捷徑，利用Evernote軟體，試試看我最愛的方式。

我只須打開手機裡的Evernote，然後拍一張文件的照片。Evernote會將照片轉換為文件掃描檔，並以筆記的方式保存在雲端，快速同步之後，我就可以在我所有設備上檢視。另外一個好處是，多虧了OCR功能，Evernote能辨識圖像中的文字，讓搜尋文件變得更容易。

如你所知，我強烈建議將文件儲存在雲端（請參閱第四章），因為無論你身在何處，這樣做可以讓你的所有文件在所有設備上都能讓你自由存取！儘管你可以簡單地把某些文件（例如單據或照片），存在電腦硬碟中合適的資料夾裡，你依然有其他為了完成某些任務所需的文件。

獲取最大生產力的關鍵，是將第二類文件當作輔助材料，儲存在各別的項目和任務中，以便隨時取用。底下我將示範如何在Nozbe中做到這一點，你會看到把文件附加到項目或任務中有多麼容易。

在Nozbe中處理參考資料

當你在處理複雜的任務時，如果可以輕鬆取得參考資料（例如文件、圖片或照片），將會省下很多時間。雖然參考資料並非總是必要的，但是當一項任務需要一份文件時，你不會希望停下原本工作的節奏，另外花時間去尋找那份文件。你需要一個現代化的生產力軟體（像是Nozbe），容許你將文件附加到任務中，讓你可以直接取得任務的所有相關訊息。

Nozbe用戶可以把各種格式的評論（例如一般文字、文字檔案、圖片、PDF檔、簡短清單、YouTube影片，甚至是網站連結），加入他們的任務中。如果你使用Evernote、Dropbox或Google Drive等雲端服務，你可以非常方便地將那些雲端服務裡的檔案匯入到Nozbe的任務中。

本書發行團隊的成員之一薩巴，發現了同時使用Nozbe和Evernote的好處：

　　每當我發現一份新的招聘廣告，或是一個有訂下明確截止日期和詳細敘述的招標案，我會把它存到Evernote（只需要在我

的瀏覽器點一下），添加一道提醒，它就會在Nozbe中成為一項
獨立任務。我可以在Nozbe中設定一個截止日期，系統會在截止
日接近時通知我，我也可以讀取所有Evernote附件的細節。現在
我就能十分自信地處理這個任務。

在Nozbe中加密文件

Nozbe不僅提供給世界各地的個人用戶使用，同時也有團隊
在使用（詳閱第五章），包含政府、辦公室、律師事務所以及
一些公家機構，這就是為什麼我們決定要完全加密所有附加到
任務和項目的文件。

這樣一來，當你在Nozbe中建立任務，並在一個檔案的表格
上添加評論，它也會被加密並上傳到我們的伺服器上，確保它
不會被未經授權的人盜用。只有你和你選擇共享任務的那個項
目裡的使用者們，能夠開啟這些加密過的文件。

在Nozbe中以文件版本的方式工作

如果你與某個人共享一個項目，並將一個附有文件的任務委託給他，他就可以下載那個文件，開始處理任務。接著，他只需要存檔，再把新的文件版本上傳到Nozbe這個任務的附件裡，你就可以在任務的評論歷史紀錄中，讀取文件的所有版本以及各版本的建立日期。

利用這種方式，你可以更輕鬆地追蹤工作進度，也不用一直往返電子郵件、更改同一文件後續版本的文件標題，或是做任何類似的過程。你既能保留完整的歷史紀錄，還能存取文件的最新版本。

弄清楚自己管理參考資料的方式

通常要完成一項任務，你會發現你會需要更多資訊才能做到。建立一套妥當儲存資料的系統，可以明確改善你的工作效率，在處理繁複的任務時更是顯著，因此非常值得你多花點時間來妥善規劃組織一個這樣的系統，以便後續可以充分利用。

　　一旦你知道你的紙本和數位版本的檔案存放在哪裡，你就永遠不用浪費不必要的時間來找它們！

　　本書發行團隊的桑傑表示：「我使用Nozbc處理重要文件的領域之一，是簽證、護照、執照和專業組織成員會員資格的年度／五年／十年續簽日期。我把更新日期和這些證書或文件的數位檔案連接起來，確保我永遠不會遇到『在機場拿著過期的護照或是駕照』這類的窘境。」

自我練習 管理你的參考資料

1. 你現在怎麼管理參考資料呢？你把它們放在哪裡？

2. 你打算怎麼改善你管理資料的方法？你要試用哪些新的軟體？

第七章的施行計畫：整理你的檔案櫃！

◯ 思考一下你把你的重要文件都保管在什麼地方。

◯ 把你所有不想弄丟或是有可能還會用到的重要文件，都
　做一份數位備份。

◯ 用本章開頭例子提到的做法，選擇一種歸檔和儲存文件
　的方式。

祝你好運！

■額外的資料

　　如果你希望獲得更多如何管理文件的方式，請
立即到此連結下載一系列有關類別的實用文章、範
本和影片：10steps.tw/bonus

定期檢查
你的系統

給自己安排每週一次的會議，
以確保自己處在最新狀態。

每週一次靜下來，
花時間檢查自己的目標、項目、
清單和目的。

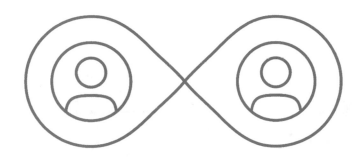

閱讀完前面的章節之後，你已經知道如何清理思緒、組織你的任務到項目中、設定優先順序、從任何地方處理工作、與他人合作，以及利用類別和參考資料。你做得到的！

儘管如此，如果你沒有定期檢查你的系統，最終還是有可能會失控。在本章中，我會教你如何每週空出一、兩個小時，與自己面對面，好好檢查並更新手邊的生產力系統。這個每週回顧的會議，可能是你每週會遇到的最重要的會議之一……每週都做！

為什麼「每週回顧」如此重要？

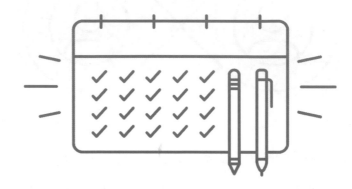

　　生產力專家建議你為自己安排系統化的每週會議，以便確認那些你已經完成的任務，並在不久的將來完成你想完成的任務。大衛・艾倫在《搞定》一書中，稱呼這種摘要為「每週回顧」，他認為這是你計劃未來一週活動的時間。

　　艾倫認為，這是他唯一認真思考自己該做什麼事的時刻，之後他就只是執行他設定好的所有計畫，因為他知道，下週他還有時間重新思考一次。

對我來說，這種每週回顧非常重要，原因如下：

- 我有機會平靜地**總結這一週**，並過濾出我已經完成（或是沒有完成）的所有事。
- 我有機會**檢查我的行事曆**，看看下週有哪些工作等著我，也可以先做好準備。
- **檢查所有項目**的同時，我有機會激勵自己更加努力地完成那些已經開始的計畫，或是決定退出某些既定計畫。
- 我可以趁此好好思考未來的去路，以及評估自己**是否往正確的方向發展**。

每週與自己的會議，是每個生產力系統的關鍵要素。藉由這些會議，你才能真正確保自己完成正確的事情。

養成規律是成功的關鍵

要有條不紊實在很難，我們好像總是太忙，無法把時間適切地分配給許多不同的人事物，就連為了回顧想空出兩個小

時，都好像是一個很大的挑戰。

有趣的是，我們永遠可以擠出時間跟其他人開會，卻常常無法好好安排跟自己開會的時間。我注意到，對很多人來說，這樣花一、兩個小時做這種像是無聊又沒有結果的練習，很容易會有浪費時間的錯覺——因為你並不是簡單地去「做」什麼，而是逼自己好好檢查還有漏掉什麼沒去做，不是嗎？

你有好好的生活嗎？

你有個選擇——要嘛「跟著生活隨波逐流」，讓別人替你決定要去哪裡，或是你可以自己做決定。

如果你沒有經常檢查自己的系統、任務、項目和目標，你很快會發現自己正在漫無目的地漂泊，僅能對別人為你計劃的事情做反應。每週回顧能幫你的任務和項目建立背景和脈絡感。你需要時間確定你的行為是否適切，方向是否符合你期望的結果。

應該多久進行一次「每週回顧」？

在我二〇〇九年參加的GTD高峰會上，有人說：「每週回顧至少每個月要進行一次。」

這聽起來有點愚蠢，但確實如此：一個月是你不用核對及整理各方面活動的情況下，還能維持在正常軌道上的最長時間。根據我自己和成千上萬的Nozbe用戶的經驗，如果超過一個月沒有做確實的回顧，你會覺得將無法掌控自己的生活⋯⋯

所以你必須盡量不要跨過那條線。與你的生產力系統進行一對一會議，是一個讓你反思的時刻。在一週內，很多事情都可能出錯，這就是為什麼定期回顧是你快速修正軌道的機會，以及為下週做出更多正確決策的額外契機。

就像我媽說的：「多虧你有做回顧，你會更理解該怎麼過下一週。」

如何確定每週回顧的好時間跟日期？

每個人都用不同的方式處理這些回顧會議。有些人在星期五開，有些人是星期一，有些人則是在週末。正如我提過的，

你的回顧不需要花上半天的時間，有時只需要一、兩個小時就可以完成，特別是你已經有規律而系統化地做回顧，如此將能確保所有進度都不落後。

我曾經向與我合寫《#iPadOnly》這本書的朋友透露過，我很難進行我的每週回顧，並徵求他的建議。然後我收到以下的回覆：

> 對我而言，每週回顧是一個完整的儀式。首先，我不會在家做回顧，而會開車去最近的星巴克。到了那裡，我會找個舒適的位置坐入皮椅，接著點一杯在其他場合我都不喝的特製咖啡。我會帶著咖啡和我的iPad坐在椅子上，戴上耳機，開始播放我的「每週回顧音樂」——貝多芬第九號交響曲的演奏會——然後開始回顧！

這個做法真的非常吸引我，所以我決定以這個版本為方針，替自己建立一個相似的儀式。週五早上，我開車送女兒上學之後，我沒有馬上回辦公室，而是去我最喜歡的咖啡廳喝杯

咖啡和一杯鮮榨柳橙汁。

　　我坐在角落，戴上抗噪耳機，開始播放魯多維科・伊諾第（Ludovico Einaudi）在皇家阿爾伯特演奏廳（The Royal Albert Hall）舉辦的演奏會，然後開始回顧——在我完成回顧之前，我是不會離開咖啡廳的！

　　士愷則是喜歡把握時間來做回顧：

> 　　我通常是在我運動的時候進行回顧，邊慢跑邊回顧。一般是在星期六早上，吃過早餐之後不久，我會去我家附近的健身房，在跑步機上面邊運動邊回顧。

　　並非每個人都可以離開他們的辦公室做每週回顧，所以有辦法在辦公室裡做回顧也相當重要。許多人會稍微鑽一下公司系統的漏洞，只為了給自己空出兩小時的窗口。

　　有些人是單純在公司行事曆上標記正式會議，讓其他人知道他們正在「開會」。不過我也聽說有人為了在回顧時，不會被「意外」闖進辦公室的人打擾，會特地去預訂一間會議室來做每週回顧。

要在週一、週五還是週末做回顧？

有些人喜歡在週末進行每週回顧，有些人選擇週五或週一，甚至有些人喜歡在週間進行。你需要找到適合你生活方式的時間，但為了讓你更輕鬆，讓我提供一些有用的提示。

關於要在一週的哪天做回顧，我以前是在週一回顧，但最近我改成週五進行，因為我意識到提前計劃我的一週會更好。就像我在第三章中提到的「優先事項」一樣，透過在晚上確定最重要的任務來計劃你的一天，讓你能夠在隔天立刻開始一天的計畫，這真的很有幫助。這個原理同樣適用於每週回顧，在星期五做好回顧，讓我在週末可以很安心，因為我在星期一已經有一個連傻瓜都能安全完成的行動計畫。

儘管我曾經在週末做回顧，但我現在盡量不在週末進行回顧了。對很多人來說，週末是很理想的時間，但是當我的個人狀況發生變化，這就不適合我了。如今我是三個小孩的爸爸，同時也是一位丈夫，我的家人希望在週末與我一起共度美好的時光，我自己也希望如此，所以我就改在星期五做回顧，你也應該依照自身的情況來調整。

　　你可能想更進一步，建立一個官方正式的「公司政策」，讓每個人在星期五都進行每週回顧。像我就已經在我的公司設好政策，實際上我們已經徹底重新設計團隊在星期五的工作流程，當天每個人都必須進行「每週回顧」，這件事被視為是星期五最重要的任務。週五剩下的時間，可以根據自己需求設計，我們鼓勵同仁專注於個人發展和學習新技能。

　　我們把這個政策稱為「謝天謝地今天是星期五」（TGIF -Thank Goodness It's Friday），如果你想了解更多關於這個的資訊，你可以在本章的額外資料中，找到我寫過關於這個政策的文章連結。

我的每週回顧步驟

　　我已經將我每週回顧的項目範本添加到本章的額外資料中，請在讀完之後快去索取。你可以隨意使用我的範本作為藍圖，根據自己的喜好調整，建立屬於你自己成功的每週回顧。以下是我那些過程的要點。

事前準備

開始回顧之前，我會確定已經清空所有收件箱（請參閱第一章）。我會特地確定已經清理並掃描完我的實體收件箱裡的文件，以便後續可以使用。然後，我準備好開始回顧了。

給自己一個安靜的時刻

我會先試著讓自己平靜下來；我是天主教徒，所以會花五分鐘禱告，感謝上帝賜給我美好的生活。接著，我會打開音樂，開始工作！

清理收件箱並寫下想法

我已經清空我辦公室的收件箱，現在是我清理Nozbe收件箱概觀的時候了。在這之中，我經常會發現想法、筆記和從中建立新任務的資訊，有時甚至是新項目。我還會檢查電子郵件，並檢視有沒有之前沒時間看的其他資料。

如果我想到什麼這週還沒機會寫下來的事情，我會馬上記下來，並分配到對應的合適項目裡。

檢查行事曆

我會檢視上週的會議，對會議筆記進行最後檢查，以免遺漏任何可辦事項。我會檢查已經計劃好的下週工作，確保所有預定好的計畫仍在進行，而且我也已經為它們做好準備。

做每週總結

我會檢查所有的統計數據，包含我自己和公司的網站，以及其他我應該檢查的資料。我會打開一個已經輸入一些資訊的特殊的試算表，與前一週的資訊進行比較，看看趨勢變動……我或許會感到驕傲，或是擔心。

回顧這些統計數據，可以為我在規劃下週工作該以什麼為重心時，提供了一些指引。

檢查目標

除了具體項目和任務之外，我還回顧了我的生活目標，和其他我想實現之事的長期與短期目標。設定目標有助於確定我的注意力和決心，同時提醒我自己的價值觀，以及實際前進的

方向。多虧這些，才能制定出我的行動計畫，並在需要時建立更多項目。

人們以不同方式處理目標，並以各種方法追蹤目標。我在Nozbe中的另一個「特殊」項目中，保存這些目標。我為自己生活的每個領域建立不同的項目，並以「目標–」為項目名稱的詞首，例如：「目標–家庭」、「目標–公司」、「目標–健身」等等。每個區域的每個目標，都是一項單獨的任務。

在進行每週回顧的同時，我會檢查每一個目標，看看我有多接近終點、還缺少什麼、哪些部分需要額外加強，以及我應該更注意什麼事情。我會使用在任務／目標中的評論部分，來更新記錄我的想法或點子。我在回顧的這個面向所得到的結論，常常最後成為我生產力系統中的新任務或項目的靈感。

關於追蹤目標，我們的Nozbe用戶之一克里斯托夫提供了一個截然不同的例子：

　　我在Evernote中，會把每一個「每週回顧」各建立了一個
筆記，並以當天日期為標題。筆記會包含我今年的目標、本季
度的目標、本月的目標和本週的目標。當我每次開始每週回顧
時，我會複製那個筆記，而且用每年一次、每季度一次、每月
一次的目標做為提醒，並檢查每週目標的成果。

　　完成長期目標後，我不會刪除它們，反而會將它們的字型
轉成粗體。這樣我就可以因為看到我完成多少事而感到高興。
我會在每週回顧結束時，訂下我的每週目標。每個季度，我都
會有一個「更深入」的回顧，並確定下一季度的目標。

回顧項目

　　我會回顧我在Nozbe中的所有項目。逐一確認每個項目，並
檢查其中的任務，有時候會修改截止日期、添加評論、刪除任
務、修改任務並匯出到其他項目，或是移到優先級列表中。我
也經常為我和我的同事們建立新的任務。

　　回顧所有項目往往需要一些時間，但為了確保所有資料都
是最新狀態，而且符合我的目標，這是唯一的方法。

　　檢查每個項目，並決定是否需要定義明確的下一步，是至關重要的。有時候在繁忙的一週中，我們會忘了去決定完成項目中任務之後的下一步。在所有應該決定下一步但沒做的項目中添加下一步行動，或是安排需要深入研究或蒐集資料的最重要任務，最佳時機就是在每週回顧的時候。

回顧優先順序

　　接著，我會檢查我的優先事項列表，並整理、移動、修改或是安排它們。我甚至會試著用本書開頭提到的兩分鐘規則，立刻處理掉一些任務。

收尾

　　做完上面所有階段，我會再次禱告，感謝上帝讓我有美好的一週，並祈求祂給我度過下週所需的智慧。我有時候喜歡聽一首令人樂觀愉悅的歌，用來慶祝完成一次成功的每週回顧。

就這樣！收工！

對於每週回顧，維持系統化和規律的做法非常關鍵，所以要嘗試定期進行每週回顧。這是你定期安排與自己的一次會議——是你整週裡最重要的會議之一。

這個會議不僅可以確保你始終處於最佳狀態，也可以讓你知道自己已經回顧完當週，同時已經計劃好下週，因此能夠在週末安心地與家人共度美好時光。

自我練習 安排你的每週回顧

你什麼時候要進行回顧（日期）？

你幾點要開始？

你打算在哪裡進行回顧？

為什麼是這個時間和地方？

第八章的施行計畫：安排你的第一次回顧！

在行事曆裡為回顧安排一個時段。為了讓你自己能進行全面的回顧，建立最佳的條件。

你可以使用我上述的藍圖，或是更進一步，到本章的額外資料取得每週回顧的格式範本。

成功回顧之後，為下一次回顧安排時間，或更進一步在行事曆裡建立週期性事件，或是在 Nozbe 中的週期任務，以確保你永遠不會錯過回顧！

祝你好運！

■**額外的資料**

如果你想更進一步了解如何定期檢查你的生產力系統效能，請立即到此連結下載一系列我幫你準備的實用文章、範本和影片：10steps.tw/bonus

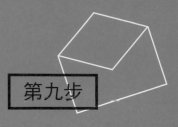
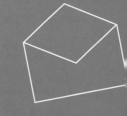

掌控你的
電子郵件

淨空你的收件箱，
處理氾濫的電子郵件。

運用管理時間、
任務和項目的系統，
並不是只為了去管理和排序任務，
而是要讓任務真正進入
「完成」的狀態！

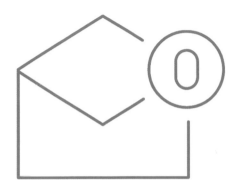

　　在知道怎麼處理任務、項目，以及妥善進行回顧之後，我希望能在剩下的章節裡面，教你幾個可以立即使用的額外提示與技巧。

　　在本章中，我將與你分享我最棒的電子郵件管理方法，協助你處理每天收到近乎氾濫的電子郵件。我會示範如何將電子郵件整合進你的生產力系統，你的任務管理工具在此處會扮演非常重要的角色；當然它可以是Nozbe，或是在前面章節介紹過的其他相似系統。

行動多一點，管理少一點！

請記住，運用管理時間、任務和項目的系統，並不是只為了去管理和排序任務，而是要讓任務真正進入「完成」的狀態！本書發行團隊的卡爾（Carl）寫了一些關於這個主題非常有趣的東西：

> 我第一次開始使用Nozbe時，它只是一個讓我排序及管理事務的好工具，我花了很多時間在標記、移動、編輯任務等。在某個時刻，我總算意識到我正在以錯誤的方式處理事務。
>
> 突然之間，Nozbe成為收集我所有任務的地方。我盡可能地寫下我的任務，盡量仔細（或可能在未來）描述它們，當我準備好的時候，我就會完成這些任務！此時Nozbe儼然已變成一個實用的工具，就像電話、電腦、電子郵件甚至車輛那樣。

為什麼我要在探討電子郵件的章節提到這一點呢？因為我注意到很多人對電子郵件的態度非常相似。他們無時無刻都在檢查電子郵件、重複閱讀、移動郵件到不同的資料夾、排序

郵件、分配優先順序……然後對自己無法處理如此龐大的訊息量，感到訝異！

忘掉「檢查電子郵件」這件事

　　我想強調的是，我不再是「檢查我的電子郵件」，我只是「處理掉它們」。也許這種說法聽起來有點奇怪，但其中的差別非常人。

　　當你「處理掉」某件事時，它就結束了，但當你只是「檢查」某件事，它還是需要後續的行動和完成動作。許多人不斷去檢查並多次閱讀相同的訊息，這其實沒什麼效率。

　　你的最終目標應該是「點擊」每封電子郵件一次，而且只有一次。聽來容易，實際去做並不簡單，但下面的提示應該會有幫助。

清空你的收件箱

　　我相信把收件箱歸零的習慣，徹底清空這個行為，是生產力的支柱之一。當我登入我的電子郵件信箱時，我總是會決定

如何處理我收到的每封郵件——無論是需要完成的任務，我現在或以後需要回覆的問題，或是我應該歸檔的文件。如果這封信件對我來說完全無用，我就會馬上刪除。

在郵件回覆上使用兩分鐘規則

在回覆電子郵件時，我經常使用前面提到的兩分鐘規則（參閱序言）：如果回覆郵件的時間不到兩分鐘，我就會立刻處理。因為我經常使用我的iPhone和iPad，所以學會了快速發送簡短而精準的回覆。現在行動設備上的語音輸入功能也變得更加可靠，我常使用它來快速回覆訊息，然後就解決了！

比起完全沒有回應，人們更喜歡收到簡短的訊息。現在你不必像看待傳統信件一樣處理電子郵件，每個收件人只關心具體資訊，所以請盡量減少多餘的噪音，直接切入主題就好！

前面提到的《#iPadOnly》這本書的共同作者奧古斯托‧皮諾擔心有些人會對簡短的回覆反感，他總會在他的電子郵件最後加上簽名檔：「從我的iPhone發送。」即使……他在電腦上回覆。

當然，我並不是在鼓勵欺騙行為，但我仍然認為這是提醒自己和收件人，現代回覆的速度和行動力的重要性的一種巧妙方法（見第四章）。

寄送電子郵件到軟體

某些軟體功能有包含建立個人專屬電子郵件地址的選項，可以讓你把資料以寄電子郵件的方式直接匯入軟體中。

我每天都在Evernote和Nozbe中使用此功能，把任務和文章寄給自己，讓它自動添加到系統中。為了加快整個流程，我把我的Nozbe和Evernote地址都加入我的聯絡人列表中。

這些「電子郵件通道」被證明非常有用。當電子郵件的內容適合轉換為任務時，我就會直接轉寄到Nozbe，軟體會在幕後自動把郵件的標題變成任務名稱，而郵件內容就變成評論。這真是太美妙了！

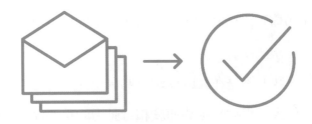

在本章附帶的額外資料中，你會找到關於此功能的確切說明，以及你可以更善用它的技巧（例如一個利用「#標籤」把任務移到正確的項目或類別的參考手冊）。

如果電子郵件有包含帳單、單據或來自航空公司的確認信之類的重要資訊，我就會把它轉寄到Evernote。儘管目前的電子郵件收件箱，提供相當大的儲存空間，我還是傾向把重要資料匯出到我平常保存文件的地方。多虧有了這個從收件箱轉寄電

子郵件到軟體中的功能，我不用把它留在那裡，就可以快速處理它。

管理新聞通訊或其他自動發送的郵件

線上購物、註冊線上服務之類涉及到電子郵件地址的行為，通常都會導致你的收件箱充滿不必要的訊息。有幾種方法可以解決這個問題。

- **單獨的過濾器**：如果你是使用Gmail，而且你的郵件地址為「namesurname@gmail.com」，那你可以註冊外部服務為：「namesurname+newsletter@gmail.com」。這樣一來，電子郵件會自動標籤為「新聞通訊」（Newsletter）。

- **單獨的電子郵件地址**：在註冊私人使用和公務使用的服務時，使用不同的電子郵件地址。這樣一來，商業訊息就不會與真正需要你回覆的訊息混在一起。

Gmail還推出了「社交網路」（Social）和「促銷內容」（Promotion）這樣的標籤，可以幫你自動篩選這些類型的郵

件。這自然是一件好事，但我仍然認為最好自己動手，確保盡
可能少收到不想要的訊息。

在每週回顧之後，也很值得再次檢查你的商業訊息（參見
第八章），因為其中可能包含重要資訊，或是你有興趣的商品
折扣。最好是可以直接取消訂閱其他新聞通訊信件。

你只需點對信件末端的一個連結（取消訂閱、管理訂閱等
等）來進行管理，不過有些人會使用其他服務來管理和幫你取
消訂閱一些新聞信件，你可以在本章最後的「額外的資料」欄
目裡找到這些外部服務的連結。

在Gmail中添加過濾器，標記你想要「閱讀」的內容，甚至
為每個標籤分別設置收件箱（「等待」、「待讀」、「待辦事
項」），也很有用。這樣一來，你就可以維持你的收件箱在淨
空的狀態。

管理來自服務的通知（尤其是社群媒體）

社群媒體會發送大量通知，你應該登入你使用的每個服務網站，關閉所有不必要的通知。通常這些設置很難找到，但花幾分鐘設定，將會為你日後省下大量時間。

例如，你可以在Facebook上，依序點擊選單：設置（Settings）／通知（Notification）／電子郵件（Email）。

管理過濾器、文件匣和整理電子郵件的收件箱

除了與垃圾郵件、廣告信和通知的持續搏鬥之外，我們其實不需要太多過濾器。過去我們養成了為每個人建立獨立的文件匣和過濾器的習慣，以便分類排序郵件。但正如我在本章開頭所說的，最好把重點放在真正去處理事情，而不是整理或組織事情上。

將電子郵件管理限制在最低限度，並專注於系統化及簡潔的訊息回覆。你在不必要的管理上節省下來的時間，可以用來做自己喜歡做的事，以及關心你在乎的人身上。

郵件軟體和系統作業軟體，都內建了進階搜尋功能。善用

它們！就像文件和檔案一樣（參閱第七章），只需在搜尋功能中輸入幾個字母，就可以輕鬆地從特定人員或特定主題中找到資訊。學會善用搜尋功能之後，你會發現花費幾個小時來整理你的電子郵件其實毫無意義。

設定電子郵件簽名檔

前面提到的電子郵件簽名檔（例如我朋友使用的「從我的iPhone發送」），可以在不同的狀況下使用，因此你不用每次分享連結到你的網站、部落格、社群媒體的檔案上時，都一直問候對方。

在某些電子郵件軟體中，你甚至可以有很多個簽名檔。我自己有兩個：一個私人用、一個公司用。第一個只有簡單的「麥克」，第二個是「麥克‧斯利溫斯基–Nozbe創辦人」。你也可以根據自己的需求調整簽名檔，並在這個過程中節省時間和精力。

用簽名檔來撰寫重複性問題的標準答案

我的一位好朋友，同時也是知名的部落客，麥可·凱悅（Michael Hyatt），曾經跟我描述他如何善用電子郵件簽名檔，當作回答那些他最常被問到的問題的範本。這樣一來，他為自己省下不少時間！

他只是簡單地回顧他的信件，選擇了最常收到的二十個問題。他為這些問題準備了最通用、精準、全面且有趣的答案，然後把答案轉變成簽名檔。

回覆包含這些問題的郵件時，他只需要挑出適當的簽名檔，稍作修改就可以發送郵件了。透過這種方式，他精簡了時間，但仍能為讀者和粉絲的問題提供詳細的答案。在其他電子郵件軟體中，如果無法這樣設定簽名檔，你可以嘗試使用草稿或電子郵件範本。

關閉自動通知

在九〇年代，當電子郵件還很新奇時，每一封新訊息都帶給我莫大的喜悅。但現在每天都有潮浪般的訊息，它們已經從歡樂變成壓力的泉源。

所以我建議你關掉新郵件通知——無論是在電腦、手機或平板上。這樣一來，你就不會被迫陷入聽到通知聲響之後立即去檢查電子郵件的習慣，並開始學會有意識地處理你的電子郵件。

自己決定清理電子郵件收件箱的時間

不要被電子郵件的自動通知掌控你的生活，觸動你不斷去確認郵件了。你應該要自己刻意決定你想在什麼時候才要登入信箱去查看。

- **如何查看？**：從檢查最新的信件開始，然後沿著列表進行，這樣可以避免你多次閱讀相同的內容。確認完所有新信件之後，離開你的收件箱，收工。
- **何時查看？多常查看？**：這是個人偏好的問題，然而如果你不是在客服部門工作，而且不需要整天回覆信件，那你可以自己決定什麼時候要管理收件箱。有些人會每小時檢查一次，其他人則是安排特定時間檢查。

● **在早上查看嗎？**：不可能！正如我在討論優先級的章節（第三章）中已經提過的，我從不在早上檢查電子郵件。我會專注於當天的三項關鍵任務，大約在接近中午時刻，才會檢查我的新信件，試著淨空我的電子郵件文件匣。之後我會再登入幾次，即時管理電子郵件。

● **每天只檢查一次？**：有何不可？當然，檢查信件的頻率高低只是個人的事。有些人每天檢查收件箱兩次，其他人只在一週裡的特定時間檢查。這完全看你自己，取決於你的工作方式和電子郵件在你私人和專業領域扮演著怎樣的角色。嘗試不同的頻率模式、不同技巧，並決定哪種方式能讓你更接近實現自己的目標。

關於「要不要在早晨查看電子郵件」，我們的Nozbe用戶之一薩巴想補充：

我確實認為，「不要」在早上檢查電子郵件，是生產力最重要的因子之一。雖然在生產力相關文獻中，並沒有關於該不該這樣做的資訊，但它會為你的生活帶來快樂。此外，別人還沒進辦公室之前，你一大早就完成了一到三項重要任務，即使其他時間你根據預定計畫完全不工作，你也會感到很滿意。

然而，拒絕確認電子郵件並不容易，所以最好不要在早上打開電子郵件軟體。你很有可能收到同事寄來的一些負面問題，像是：「你有沒有收到我昨天晚上寄給你的電子郵件？」

就直接讓同事知道你的早晨是很神聖的，你不會讓其他人控制你的早晨例行公事。

本書發行團隊和Nozbe用戶之一的克萊兒，也補充了一個關於使用「電子郵件自動回覆」絕妙的撇步，可以讓人們知道你不會馬上回覆他們的訊息：

當我要在特定某一天，有一段長時間不看電子郵件，我會試著設定一個只給內部同仁的自動回覆（就像那些「這段時間我外出洽公」的訊息）。

「我將專注於處理一個重要的項目，直到（輸入時間），而且不會檢查電子郵件。如果有緊急事件，請聯絡（輸入手機號碼或助理的聯絡方式）。」

這樣一來，我給了別人一個期望，也幫助我抑制快速瀏覽收件箱的衝動，因為我知道如果真的發什麼急事，人們會用另外一種方式聯絡上我。

不要閱讀同一個訊息兩次

我已經寫過這點，但還是要再重複一次：打開電子郵件時，就立刻做決定。如果訊息需要採取行動，匯出到你的任務列表；如果它包含文件，決定如何處理，然後執行；如果你不想再接收某個特定來源的訊息，設置過濾器或取消訂閱。

這樣一來，你就能更快速地淨空電子郵件收件箱。除非讀這封信能帶給你快樂，否則不要重複閱讀相同的訊息。

使用一個好的軟體來處理電子郵件

市面上有許多管理電子郵件的好軟體，除了內建在作業系統裡的款式，還有網路上以及智慧手機和平板上的軟體。很多都具備有趣的功能，例如「手勢」，可讓你透過不同的手指動作，快速匯出或刪除郵件以及處理大量新訊息的巧妙方式。非常值得你花一點時間研究它們。

我相信你會找到適合自己的軟體，我們也在本章的額外資料中加了一些關於這些軟體的連結。

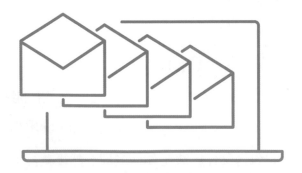

為團隊提供一個良好的溝通管道

正如我在第五章提到的合作一樣，值得考慮你是否該透過電子郵件與你的團隊溝通。或許建立屬於你自己的溝通管道會更好，這樣一來，重要的訊息就不會跟陌生人的電子郵件混在一起。

在我的公司裡，我們使用Nozbe中共享項目裡的任務進行溝通，並運用其他額外的軟體來聊天、視訊對話和交換文件檔。透過這種方式，我們能明確地區分公司內部的溝通，以及與客戶、承包商和世界上其他人的聯繫。

以這種方式切割能明顯減少新訊息的數量，而且縮短了處理電子郵件所需的時間。團隊內的溝通，能完全不受來自社群網路的通知和促銷通知電子郵件的干擾。

此外，利用任務評論溝通更具成效，使我們更接近完成任務，從而實現我們的目標並成功完成項目。

自我練習 你怎麼處理電子郵件？

1. 你使用哪些設備？

2. 你有開啟郵件通知嗎？

　　◯ 有／◯ 沒有

3. 你會定時查看郵件收件箱嗎？

　　◯ 如果會，那是在什麼時候呢？

　　◯ 如果不會，那你每幾分鐘查看一次呢？

4. 你現在有更好的方式處理郵件收件箱嗎？

5. 你覺得這會如何提高你的工作效率？

第九章的施行計畫：比以往更妥善地掌握電子郵件

關閉電子郵件通知。是你檢查電子郵件，不是其他人。

決定處理電子郵件的具體時間。每天徹底清理收件箱，使用本章的兩分鐘規則和其他提示，立即決定如何處理每封信。

確保郵件過量也不會讓你不清理收件箱。限制收到的新聞信：退訂不再感興趣的郵件。

考慮將團隊內部的溝通方式，從電子郵件轉變為更任務導向的溝通方式。關於這部分，請參考第五章和以下的額外資料。

祝你好運！

額外的資料

　　如果你想更進一步了解如何有效處理電子郵

件，請立即到此連結下載一系列我幫你準備的實用

文章、範本和影片：10steps.tw/bonus

你還能改進什麼？

強力增強你的生產力———一些更進階的技巧：

→ • 番茄工作法

→ • 反規劃行事曆

→ • 尋找責任夥伴

→ • 運動與閱讀更多書籍並行

→ • 學習觸摸打字

→ • 讓自己受到啟發

→ • 閱讀更多關於生產力的書籍

→ • 從今天開始吧

在這最後一章中，我會分享一些可以提高你的效率的額外提示……而且也非常有趣。

用番茄工作法有效管理你的「休假日」

在第三章中，我建議你先確定當天的三項重要任務，然後透過完成其中至少一項來啟動你的一天。然而，時間不會為任何人停下來，而且只需幾分鐘的幾件事情，零零碎碎加起來，最終會讓我花上幾個小時。其餘時間，儘管試圖集中精神，一整天依然讓人感覺失控，我無法讓自己去處理重要的任務。

在這種情況下，我會訴諸番茄工作法（Pomodoro

Technique）。法蘭西斯科·西里洛（Francesco Cirillo）是這個著名技巧的創造者，靈感來自於一個番茄（義大利文就是Pomodoro）形狀的廚房計時器。

番茄工作法把一天拆分成很多個三十分鐘的時段，其中的二十五分鐘專注工作，五分鐘用來放鬆休息。番茄工作法在搭配使用能顯示每一分鐘的計時器的情況下，效果最好。

這種方法可以幫我維持專心。當時鐘滴答響著，讓我完全意識到我只有二十五分鐘完成任務……我就單純開始做事。它讓我意識到時間流逝，並提醒我沒有時間分心或做任何其他事，我必須專注於手頭上的任務。在徹底專注的二十五分鐘之內，你會驚奇地發現自己能完成多少事情！

番茄工作法還能幫助我在所謂的「休假日」返回我的「工作模式」。當我鬆懈下來，覺得我的思緒試圖迴避我完成計畫中的活動時，我會選一項任務，設定計時器，讓時間開始走。這個技巧強迫我「開始做事」，而且真的行得通！

如果你也想測量你的時間，不需要使用廚房計時器，任何類型的計時器都可以！有無數的電腦和手機軟體都能夠幫助你，你可以在本章額外資料中找到它們的連結。

反規劃行事曆

番茄工作法可以與另一個概念「反規劃行事曆」完美搭配使用，這是由尼爾‧費歐（Neil Fiore）在他的書中《擊敗拖延，就從當下的三十分鐘開始》（The Now Habit）所描述的。

「反規劃行事曆」這個概念，是指你應該在行事曆中安排你必須做的工作以外的所有事情。這跟我們平常檢視行事曆的方式背道而馳，但這個做法有如魔法般有效。反規劃的概念關

鍵，在於你不要安排各個項目的工作，反而是在你計劃好想執行的活動之間，去處理你的項目。

你要做的就是在行事曆中只加入兩種事：必須發生的事情（例如會議或用餐時間），以及你想做的事（像是運動、與孩子一起玩、閱讀書籍、個人時間等等）。這可以讓你沉浸在沒有罪惡感的閒暇之中，享受你的私人時間，此外，當你發現在那些歡樂時光之間，只有幾段需要你工作的時間，這也有助你專注於自己的工作。

例如，我今天的「反規劃」計畫就像這樣：

- 早上九點～九點三十分：早餐
- 早上十點三十分～十二點：與公司幹部開會
- 下午三點～四點三十分：游泳

現在來看看，你會發現我在早餐跟會議之間，有一小時（九點三十分～十點三十分）的工作時間；而在我的會議和游泳行程（我的獎勵）之間，有三小時（十二點～下午三點）的

工作時間。這樣一來，我知道我只有那三個小時（或說有六個「番茄鐘」）能工作，所以我最好把握時間！我非常想讓我的游泳行程「值得」，我希望這成為我一天辛苦工作的獎勵。

為了讓自己負責，我還會寫下我在每個半小時內做了多少事。我在下午十二點五十一分寫下這些字，所以幾分鐘之後，我將在「下午十二點三十分～一點」時間區塊中，輸入「撰寫本書的第十步章節」。多虧這樣的註記，我知道我在訓練前還有兩小時。

我準備了可以讓你列印出來的「反規劃」範本，如果你偏好數位版本，我在Nozbe.how中也準備了數位範本。你可以在本章最後的額外資料中找到它們。

尋找你的責任夥伴

找一個跟你一樣正在建立自己生產力系統的人一起合作。共同工作、與彼此分享想法，鼓勵自己改進自己的系統、交換你發現的技巧和竅門。記錄你做過的所有事——例如，你是否以及何時完成你的每週回顧。你們甚至可以一起回顧，檢查彼此的進展。

　　一起合作確實有效！幾年前，我體重過重，卻無法激勵自己去跑步；我偶爾會慢跑一次，但會不停地找藉口或是忙於其他事情。我的鄰居適時救援，建議我們每週一次一起跑步，我同意了，於是在每週二送小孩上學後的早上九點，我們就會開始跑我們的路線。這改變了我的生活。我知道即使在本週剩下的時間我都「沒有時間」，我這週仍會運動一次。至少一次。

　　我們逐漸越跑越多，兩年後，我開始調整飲食，並為游泳和騎單車安排額外的時間。現在我經常參加鐵人三項，比以前瘦了十公斤，而且感覺更好了；至於我的朋友，他參加了半馬和全馬拉松賽，今年我們計劃一起參加至少一場跑步賽事。當然，我們仍舊在每週二一起跑步，保持彼此的動力。

有第二個人來支持你確實會有幫助，為了達到這些目的，你可以註冊一個Nozbe帳戶，建立你們的共享項目，就像第五章提過的。

運動與閱讀更多書籍並行！

我一直想讀更多書，但老是告訴自己沒有時間。就像運動一樣，在朋友的幫助下，我「強迫自己」閱讀。我意識到自己跑步的時候，可以做更多事。先是我的朋友說服我不要在跑步時聽音樂，改聽Podcast，在這之後，我想到還可以邊運動邊聽其他東西——有聲書！

這就是我的「有聲書冒險」開端。我仍然記憶猶新，二〇〇九年，我只讀了兩本書；而在二〇一〇年，這個數字猛然遽增到二十！不過技術上來說，真正在「讀」書的人不是我……而是有聲書敘述者在讀給我聽。我開始在散步、跑步、搭車、搭火車、騎單車甚至滑雪（乘坐纜車）時聽書，換句話說，就是那些不需要我太專心的情況下。

我現在每年「讀」二十至三十本書。多虧有聲書，讓我運

動的動力多了一倍，畢竟，我出門時不單只是跑步，同時也是出門讀書。瘋狂吧？

學習觸摸打字

如果你還不知道如何不看鍵盤打字，學學看吧。我知道這並不容易，而且感覺好像把你送回小學一樣。你需要學習如何單獨輸入每個字母……但是，一個月後，你輸入的速度甚至可以變成三倍。不是20％或30％，而是300％！

我打字一向算是算快的，但當我測試自己的速度時，才發現我每分鐘只能打二十到二十五個字。在我開始練習觸摸打字之後，我可以輕鬆達到每分鐘六十個字；緊急時刻我甚至可以達到八十字。有些人甚至可以輕鬆超過一百字！

想想看，如果你可以使用比現在快三倍的速度回覆電子郵件，你的工作效率會變得多好？過去需要半小時的事情，突然只要十分鐘就可以解決。

學習觸摸打字是一項投資，而且會在往後的數十年持續回報。現在有很多付費及免費課程可以幫助你掌握這項技能，我

強力推薦你去學，你也可以在本章的額外資料中找到我推薦軟體和課程的連結。

我痛恨重複講同一件事，但是你看看數字──如果你認為「麥克你講得太誇張了，我打字已經很快」，你可以自己測試一下。如果你每分鐘可以輸入五十個或更多單字，那麼你是對的；但如果你像大多數人一樣，你大概每分鐘只打二十～三十字……這個速度相對來說就有點慢了。

請你現在再次想想：對你來說，輸入速度比現在快二到三倍，意味著什麼？然後開始學習觸摸打字。只要你願意開始做任何事，永遠不嫌晚。

讓自己受到啟發！

我希望本書能激勵你進一步提升改進自己的生產力系統。我在這裡的目標是幫助你培養新的習慣，讓你不僅能提高工作效率，還能幫你在個人及職場生活中取得平衡感。

當然，還有很多其他方法，你可以選擇最適合你的。

例如，編輯團隊的士愷強調：「認真做事情的時候，可以

把網路先斷掉，這樣就不會接收到其他干擾。」

天琪則認為：「反思自己每天的時間流向（細化到每半個小時），找出優化方法，就是很不錯的提升產力方法。」

閱讀更多關於生產力的書籍

我鼓勵你深入研究有關生產力的方法和技巧。我個人推薦的作家包括：大衛・艾倫、史蒂芬・柯維、提姆・費里斯（Tim Ferriss）、葛雷格・麥可肯（Greg McKeown）、查爾斯・杜希格（Charles Duhigg）和蘿拉・史黛克（Laura Stack）。我在本章額外資料中，附上了完整名單和書籍清單。

我也推薦你閱讀《高產能！雜誌檔案庫》（Productive! Magazine archive），在這裡你可以找到由生產力及個人發展領域專家撰寫的文章，並了解哪些人啟發了我──每個議題都有全面性的專訪。

你還可以閱讀關於生產力和個人發展的部落格，我們在Nozbe部落格上，發表了大量的實用資源。我也建議閱讀一些網站上的文章，像是──michaelhyatt.com、robbymiles.com、zenhabits。

從今天開始吧！

完成本書每章尾端的活動。開始熟悉兩分鐘規則以清理你的思緒，然後把下一個方法導入，提高你的生產力。

以下是本書的一小段內容摘要：

開始建構你的生產力系統，添加新的任務和項目（第一步）、將任務和其他資料移到相對應的項目和列表（第二步）、刪除不必要的資訊，確定下一步該執行的任務（第三步）、在所有你的設備上建立你的系統（第四步）、看你能不能分享你的任何項目——找找誰可以幫你完成目標（第五步）、看你是否可以透過分類你的任務來微調你的系統，讓它變得更行動導向（第六步）、附加檔案到需要的任務（第七步），這樣做一週就可以看到初步成效了。之後，每週檢查回顧一次（第八步）。看看你的收件箱概觀，檢查每個項目並進行分類，添加欠缺的任務。選擇電子郵件處理的時間，使你的電子郵件簡潔明瞭（第九步）。你也應該考慮一下能夠改進或改變的東西，繼續變得更好（第十步）。

我鼓勵你一週後再回來看一次這本書。也許你會注意到你上次錯過的東西，這或許可以協助你進一步改進你的系統。接著，為你下一次回顧設定一個日期。保持這個節奏，不要錯過與你自己的每週回顧。

去看看額外資料吧。我在每章結尾都提供了一個額外資料的連結，你可以在裡面找到很多文章、教學影片和其他可能對你有用的資源。把它們下載到你的電腦，或是匯入到你的Nozbe帳戶。

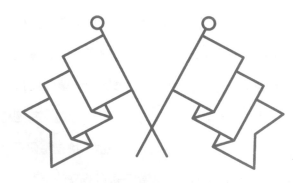

自我練習　現在就行動吧！

1. 安排你的工作日

使用你在本章「額外資料」欄目所找到的實用計畫範本，或直接寫進底下的表格。

	從	到	幾個番茄？ （三十分鐘）

2. 你的責任夥伴

誰能跟你一起提升生產力？誰對時間管理及健康生活方式
有興趣？

_____

3. 這個月你打算看哪些書或部落格？你打算聽有聲書或演
講嗎？

_____

4.觸摸打字

試試在本章「額外資料」欄目提到、與觸摸打字相關的
App和自我測試吧！

・你要使用哪一個練習觸摸打字的工具？

_____

・你每天要練習幾分鐘？

_____

・你每天要幾點練習？

_____

第十章的施行計畫：我們開始吧！

恭喜你看完這本書了，我衷心祝你好運！如果你有任何問題，可以到nozbe.com/tw/michael，找到我的連絡資訊。謝謝你！

練習本書每章結尾的活動。

下載那些額外資料，並試著從中學習。騰出一些時間看看對你有用的那些資料。

把這本書推薦給你的朋友。我們Nozbe團隊和出版團隊一起投入大量的心力、精力和金錢。我們希望這本書盡可能地幫助到每個人。

謝謝！

■**額外的資料**

　　如果你想要發現更多提高工作生產力的方法，

你可以下載一系列的實用文章、範本和影片，這些

都會有助於激勵你開始行動並組織你的生活：10steps.tw/bonus

BONUS——
最終生產力問題和解決方案

　　我相信你在讀完這本書之後，可能會有一些問題。請務必讓我知道那些問題，或是把它們分享到Facebook上我們的「Ultimate Productivity」群組中。底下我列出一些可能會持續出現的問題，看看你有沒有同感。

1.我一直沒有辦法執行我計劃好的任務

也許你現在的工作方式不適合。或許你首先該列出你必須完成的事和你一定不能忘記的事；確定你的優先任務，還有完成任務所需的時間。如果它們很複雜，就把它們拆解成更小的步驟。

隨身攜帶這個列表，而且時時查看，切記這些是你必須要做的事！一段時間後，你就會開始掌握竅門。

2.因為某種不明原因，我一直在逃避每週回顧

人腦其實像是一隻聰明的野獸，並且會保護自己免受各種形式的勞累。它會把你的任務列表跟工作連結起來，於是它一直阻礙你進行回顧，一直在竊竊私語：「不是現在」、「以後再說」、「很快就處理」、「明天再處理」、「你應該要先打掃住處到一塵不染為止」等等。

你必須記住，你是唯一能夠打敗一切、堅持到底的人。把列表放在你看得見的位置，或者乾脆隨時把列表帶在身上。這樣一來，你很難不看到列表。你也可以用手機或其他工具提醒自己。

請記住，每週回顧是你最重要的會議之一。如果你進行回顧，你會非常清楚地了解你的行程表、你所有該完成的任務，以及你關心的習慣。每週回顧可以讓你保持平衡，這正是你忙碌的人生中最需要的！

另外一種我覺得有用的特殊方式（在第八步有描述過），就是改變脈絡——到咖啡廳、會議室、其他地方——強迫自己在完成回顧之前不要離開。這一招對我來說很有用！嗨，星巴克，我來了！

3.我會搞丟寫滿任務的紙張／筆記本

我對於你的健忘無能為力，但是如果你把任務列表以「在任何時間或地點都可以存取」的方式儲存，這不是一件好事嗎？我建議你使用雲端文件，或是專用軟體（可以自動同步，並且能在不同設備上跨平台使用的那種），接下來，你只需要使用一台可以上網的電腦或是智慧手機，問題就解決了。

正如我在第四章中解釋過的，我們生活在二十一世紀，現在是擁抱雲端和網際網路的時代了，紙張沒有辦法跟任何東西同步！

4.我有一個自己一直設法延遲的任務，我很難開始處理它

也許你把那個任務定義得太廣泛了。或許你該試著把它描述得更精確，或是拆解成更小的步驟，將任務轉變成一個小項目？

人類在檢查完某些事項、從清單上劃掉它之後，往往會有那種「我完成一件事了」的快感與充實感。你勾選完畢一個任務的那一刻，可以激勵你繼續完成更多事！

我發現另外一個有用的方法，就是騰出兩個小時的空檔來完成一項艱鉅的任務。當我快要完成這本書的時候，一直在拖延編輯最後兩章……最後我終於騰出整整兩個小時的時間，把書完成了！這讓我非常高興！

5.我計劃了一天之中的幾項任務，但大部分的工作我連起步都做不到，而且經常發生。我會制定計畫……處理好一或兩個任務，但有時我連一個都做不完

制定任務時，思考你需要多少時間才能完成；寧可高估每項任務所需的時間，而不要低估。請記住，一天只有二十四小時。因此指定一些時間來處理任務（可能每天四小時），確定好每項任務需要多少時間才能處理完畢。

記得要為你的任務設置優先順序，學會區分重要和不重要之間的差別。早上不要確認電子郵件或社群媒體也很有幫助。只用對你來說很重要的任務，來啟動你的一天！。

6.我病了、手臂斷了、孩子長水痘……種種意外讓我沒有辦法完成任務。列表越來越長，截止日期一天一天的逼近

有些事情我們無能為力，最重要的是保持冷靜。隨著時間推移，你會把所有事情處理好。如果你有選擇，請人幫助你

吧。讓他們和你一起瀏覽列表，協助你重新組織好。他們或許也可以幫你處理一些小問題？甚至，你也許會下定決心，把任務委託給那些能做得比你更好的人？這些方法都值得嘗試。

7.自從我把所有東西都搬到我自己的系統之後，我很難記得我的任務和截止日期

　　這很正常，畢竟你有一個清晰的腦袋！你的思緒現在已經能夠接受新想法，你應該妥善利用。如今你需要依靠行事曆和系統來提醒自己一些事情，不過這就是事情正常運作的模樣！

　　確保你身上永遠有一支筆和一本筆記，或是智慧手機裡有安裝能夠記事的軟體。也別忘記定期進行回顧，你會發現隨著時間過去，你的大腦將習慣這種方式。

　　當你開始處理你寫下來的任務，並從列表中陸續檢查並劃掉它們時，你會發現比起從腦袋裡消去任務，實際劃掉它們會提供更多滿足感！

8.我是一個有組織、有生產力的人。我想幫助家人和朋友，說服他們更有效地管理時間和任務

這很簡單。把這本書推薦給他們！透過樹立好榜樣來證明這些技巧的價值也很重要，而你就是其中之一！讓他們看你的系統，讓他們看看計畫和任務規劃的好處。告訴他們，當你開始有效地管理你的任務時，你的生活發生了怎樣的變化。

很多我們的讀者都說，他們不會告訴別人：「你最好開始組織好自己。」他們只會把這本書遞給他們，並告訴他們：「看看這本不厚重的書，你可能會發現一些有用的東西……」

你可以在這個網站上找到更多有趣的文章、影片、有用的資料，以及我們準備給你的額外資料：10steps.tw/bonus

結語

哇！你剛才讀完一本包含實用技巧和建議的書籍，指導你邁向實現最高生產力的前十步該怎麼走。既然你還有工作要做，那就把這些新獲得的知識付諸實踐，我會一直為你祈禱，祝你好運！

我迫不及待想知道你現在接著會完成什麼，透過社群媒體讓我知道吧——在發文上標記我，我喜歡看到讀者的回應！

我在每章裡提到的最高生產力，並不是極度無趣的事，而是一種生活方式：擬定合理的計畫、過得有組織、行動有效率，以及系統化發展。

這種生活方式帶來的結果，是一種和諧的控制感和滿足感，同時還讓你有時間與親人一起度過美好的時光，或是追求我們自己的熱情。

　　有很多人已經成功運用我的課程，成為活生生的例子證明這種方法確實有效。我們為何不進一步擴大這個快樂、生活有組織的族群呢？幫幫你的朋友或同事，協助他們面對責任和壓力的洪流。向他們推薦這本書，我創造它的原意，本來就是要與更多人分享！

致謝

　　我想將這本書獻給將近50萬的Nozbe用戶們，他們每天為了實現目標而勤奮不懈努力。我們一直互相學習如何讓生活變得更有生產力，並在我們十多年來持續所做的事情中找到成就感。感謝他們的支持和建議，同時也不斷激勵我和整個Nozbe團隊，感謝他們所做的一切。

　　也感謝你花時間閱讀我的書，希望我準備的課程，能幫助你提高效率。我相信你很快就會看到，更高的生產力能帶來更大的生活幸福快樂！我衷心地感謝所有幫助創造、推廣和發行這個出版物的人們，以及發行團隊裡所有活躍的成員們。

michael

國家圖書館出版品預行編目（CIP）資料

每個人都做得到的清單工作術：以科學方法管理工作順序,明確化你的下
一步行動,快速搞定關鍵任務! / 麥克.斯利溫斯基(Michael Sliwinski) 著; 黃
志豪譯. -- 初版. -- 臺北市：商周出版：家庭傳媒城邦分公司發行, 2019.03
　　面；　公分. -- (新商業周刊叢書；BW0706)
　　譯自：10 steps to ultimate productivity
　　ISBN 978-986-477-639-9(平裝)

1.職場成功法 2.時間管理 3.工作效率

494.35　　　　　　　　　　　　　　　　　　　108003002

BW0706

每個人都做得到的清單工作術
以科學方法管理工作順序，明確化你的下一步行動，快速搞定關鍵任務！

原　　　　書／10 Steps to Ultimate Productivity
作　　　者／麥克‧斯利溫斯基（Michael Sliwinski）
譯　　　者／黃志豪
插　　　圖／修伯特‧特雷斯科威茲（Hubert Tereszkiewicz）
組 織 支 援／葉士愷、姜淳雅（Emilia Borza-Yeh）、馬各大‧布瓦史池可（Magdalena Blaszczyk）
責 任 編 輯／李皓歆
企 劃 選 書／李皓歆
版　　　權／黃淑敏
行 銷 業 務／周佑潔

總　　編　　輯／陳美靜
總　　經　　理／彭之琬
發　　行　　人／何飛鵬
法 律 顧 問／台英國際商務法律事務所　羅明通律師
出　　　　版／商周出版
　　　　　　　臺北市 104 民生東路二段 141 號 9 樓
　　　　　　　電話：(02) 2500-7008　傳真：(02) 2500-7759
　　　　　　　E-mail: bwp.service @ cite.com.tw
發　　　　行／英屬蓋曼群島商家庭傳媒股份有限公司　城邦分公司
　　　　　　　臺北市 104 民生東路二段 141 號 2 樓
　　　　　　　讀者服務專線：0800-020-299　24 小時傳真服務：(02) 2517-0999
　　　　　　　讀者服務信箱 E-mail: cs@cite.com.tw
　　　　　　　劃撥帳號：19833503　戶名：英屬蓋曼群島商家庭傳媒股份有限公司城邦分公司
訂 購 服 務／書虫股份有限公司客服專線：(02) 2500-7718；2500-7719
　　　　　　　服務時間：週一至週五上午 09:30-12:00；下午 13:30-17:00
　　　　　　　24 小時傳真專線：(02) 2500-1990；2500-1991
　　　　　　　劃撥帳號：19863813　戶名：書虫股份有限公司
香港發行所／城邦（香港）出版集團有限公司
　　　　　　　香港灣仔駱克道 193 號東超商業中心 1 樓
　　　　　　　E-mail: hkcite@biznetvigator.com
　　　　　　　電話：(852) 25086231　傳真：(852) 25789337
　　　　　　　E-mail: hkcite@biznetvigator.com
馬新發行所／Cite (M) Sdn. Bhd.
　　　　　　　41, Jalan Radin Anum, Bandar Baru Sri Petaling, 57000 Kuala Lumpur, Malaysia.
　　　　　　　電話：(603) 9057-8822　傳真：(603) 9057-6622　E-mail: cite@cite.com.my

美 術 編 輯／簡至成
封 面 設 計／張議文
製 版 印 刷／韋懋實業有限公司
經　　　銷　　商／聯合發行股份有限公司　電話：(02) 2917-8022　傳真：(02) 2911-0053
　　　　　　　地址：新北市 231 新店區寶橋路 235 巷 6 弄 6 號 2 樓

■ 2019 年 03 月 07 日初版
ISBN　978-986-477-639-9
定價 260 元

Printed in Taiwan
著作權所有，翻印必究
缺頁或破損請寄回更換

城邦讀書花園
www.cite.com.tw

商周出版

廣　告　回　函
北區郵政管理登記證
台北廣字第 000791 號
郵資已付，免貼郵票

104 台北市民生東路二段 141 號 9F

**英屬蓋曼群島商家庭傳媒股份有限公司
城邦分公司**

請沿虛線剪下，謝謝！

書號：BW0706　　書名：每個人都做得到的清單工作術：以科學方法管理工作順序，明確化你的下一步行動，快速搞定關鍵任務！　編碼：

 商周出版

讀者回函卡

謝謝您購買我們出版的書籍！請費心填寫此回函卡，我們將不定期寄上城邦集團最新的出版訊息。

姓名：＿＿＿＿＿＿＿＿＿＿＿＿＿＿＿　性別：□男　□女

生日：西元 ＿＿＿＿＿＿＿ 年 ＿＿＿＿＿＿＿ 月 ＿＿＿＿＿＿＿ 日

地址：＿＿＿＿＿＿＿＿＿＿＿＿＿＿＿＿＿＿＿＿＿＿＿＿＿＿

聯絡電話：＿＿＿＿＿＿＿＿＿＿　傳真：＿＿＿＿＿＿＿＿＿＿

E-mail：＿＿＿＿＿＿＿＿＿＿＿＿＿＿＿＿＿＿＿＿＿＿＿＿

學歷：□ 1. 小學　□ 2. 國中　□ 3. 高中　□ 4. 大專　□ 5. 研究所以上

職業：□ 1. 學生　□ 2. 軍公教　□ 3. 服務　□ 4. 金融　□ 5. 製造　□ 6. 資訊

□ 7. 傳播　□ 8. 自由業　□ 9. 農漁牧　□ 10. 家管　□ 11. 退休

□ 12. 其他 ＿＿＿＿＿＿＿＿＿＿＿＿＿＿＿＿＿＿＿＿＿

您從何種方式得知本書消息？

□ 1. 書店　□ 2. 網路　□ 3. 報紙　□ 4. 雜誌　□ 5. 廣播　□ 6. 電視

□ 7. 親友推薦　□ 8. 其他 ＿＿＿＿＿＿＿＿＿＿＿＿＿＿＿

您通常以何種方式購書？

□ 1. 書店　□ 2. 網路　□ 3. 傳真訂購　□ 4. 郵局劃撥　□ 5. 其他 ＿＿

對我們的建議：＿＿＿＿＿＿＿＿＿＿＿＿＿＿＿＿＿＿＿＿＿＿

＿＿＿＿＿＿＿＿＿＿＿＿＿＿＿＿＿＿＿＿＿＿＿＿＿＿＿＿

＿＿＿＿＿＿＿＿＿＿＿＿＿＿＿＿＿＿＿＿＿＿＿＿＿＿＿＿

＿＿＿＿＿＿＿＿＿＿＿＿＿＿＿＿＿＿＿＿＿＿＿＿＿＿＿＿

＿＿＿＿＿＿＿＿＿＿＿＿＿＿＿＿＿＿＿＿＿＿＿＿＿＿＿＿

＿＿＿＿＿＿＿＿＿＿＿＿＿＿＿＿＿＿＿＿＿＿＿＿＿＿＿＿